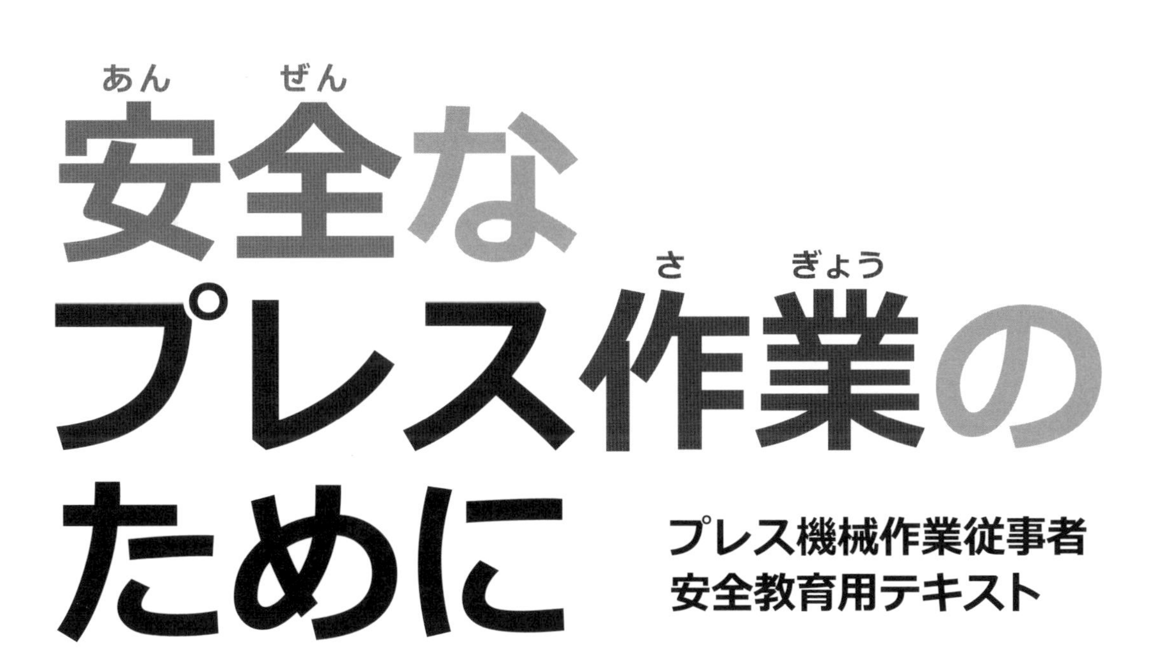
安全なプレス作業のために
プレス機械作業従事者
安全教育用テキスト

中央労働災害防止協会

はじめに

わが国においては，プレス機械は主要な生産機械の１つとして，産業の発展に大きな役割を果たしています。

しかしながら，プレス機械による作業は大きな危険を伴うものであり，多数の労働者がプレス機械による災害に遭い，しかも，その多くが手指を永久に失うという後遺症をもたらしています。

このようなプレス災害を防止するため，プレス機械の構造や使用方法などについて法令が整備されるとともに，数次にわたりプレス災害防止総合対策が策定，実施されるなどの対策が進められてきています。

プレス災害の主な原因は，プレス機械に安全囲いや安全装置を取り付けるなどの対策を行っていなかったり，安全装置の機能を無効にしていたといったものであり，プレス災害を防止するためには，安全装置を確実に実施するとともに，プレス作業に従事する労働者がプレス機械や安全装置の機能，プレス作業の方法などについて十分な知識を持ち，安全に作業を行うようにすることが重要です。

本書は，「プレス機械作業従事者に対する安全教育実施要領」（平成8年6月11日付け基発第367号）に基づくプレス機械作業従事者に対する安全教育用のテキストとして，プレス災害防止のための基本的な事項を取りまとめたものです。

このたびの改訂に当たっては，プレス機械に関する法令や知見を追加・充実させるとともに，大判化し，ルビを施すなど読みやすくしました。

本書がプレス機械作業従事者に対する安全教育において広く利用され，安全な作業が定着し，プレス災害防止が大きく進むことを強く願うものです。

最後に，本書の編纂にご協力いただいた皆様に厚くお礼申し上げます。

平成31年1月

中央労働災害防止協会

もく
目

じ
次

第1章

プレス作業とは

1 プレス作業とは

プレス機械は，金属などの材料を金型（上下一対の工具）により曲げたり，絞ったり，打ち抜きをしたりして成形を行うものです。この機械を使って行うプレス作業とは，一般的に，

① プレス機械の上下に動くスライドとボルスターに上下の金型をそれぞれ取り付けて

② 材料を金型の間に送り（送給といいます），材料の位置決めをして

③ プレス機械を操作して（スライドが下降して強い力が加わる）材料を所定の形状に成形し

④ スライドが上に戻って停止したところで成形した製品を取り出す

という一連の操作をいいます（**図 1**）。

また，下降するスライドの強い力で，材料を所定の形状に成形させる③の加工を「プレス加工」といいます。

プレス災害は，これらの操作の中で発生するのです。

(1) プレス作業の構成と 3 要素

プレス加工は，プレス機械，金型，材料の 3 つの要素からなり，これらの組み合わせでさまざまな種類のプレス加工が行われます。

この基本的な 3 要素に，作業者が加わり，プレス作業が行われます。このプレス作業システムには，作業者の安全を確保するための安全装置や，作業の能率を上げるための自動化装置などが組み込まれたりします（**図 2**）。

(2) プレス作業の形態

プレス作業は，

① 作業者の手作業を基本とした形態

② 機械装置などで自動的に作業を行う形態

③ 材料の送給，製品の取り出しなど，作業の一部を自動化した形態

とに大別されます。

手作業による作業は，一般的には次のようなものです（**図 3**）。

① 手で材料を金型へ送給する

② 材料の位置決めをする

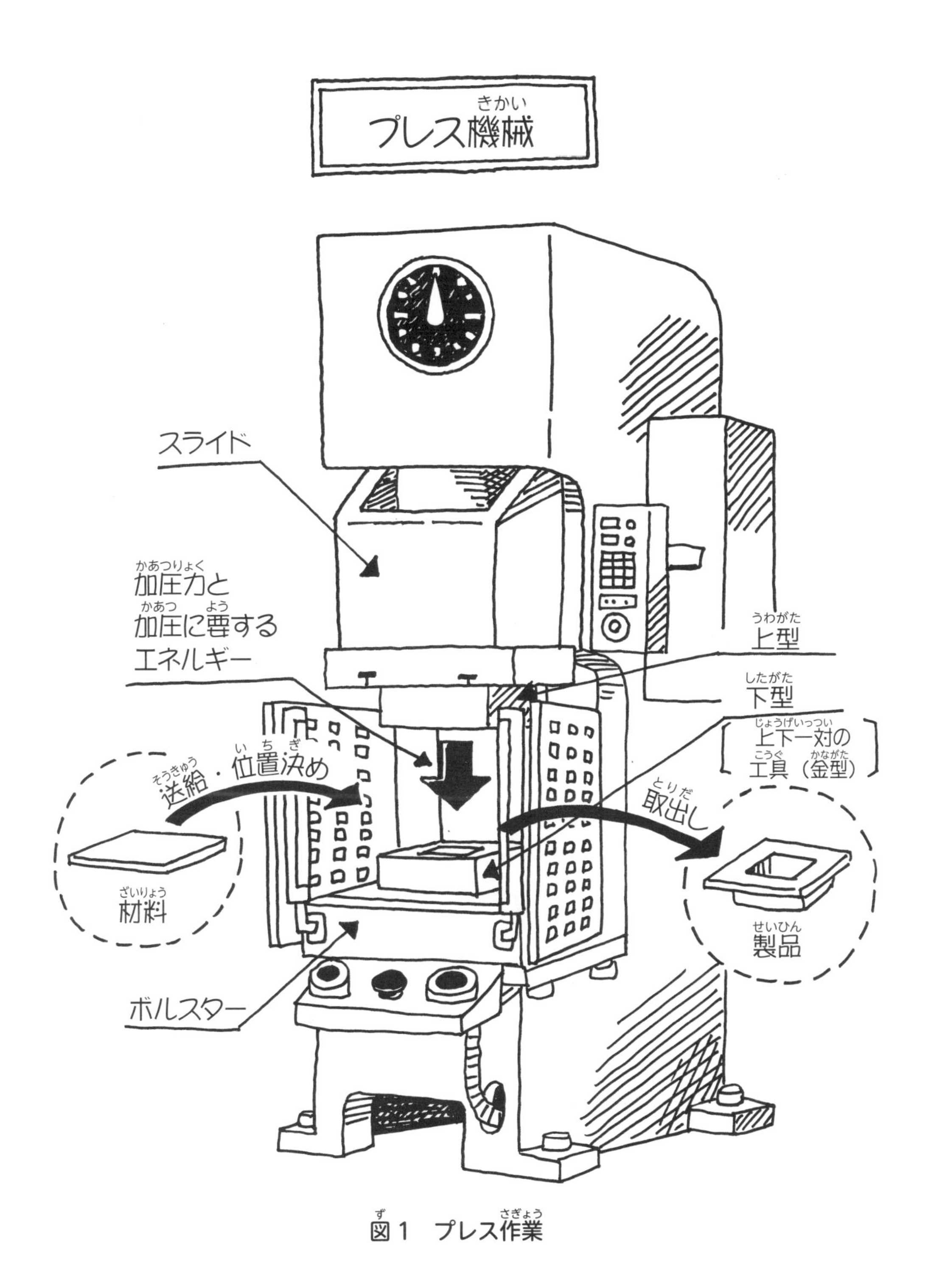
プレス機械
スライド
加圧力と
加圧に要する
エネルギー
上型
下型
上下一対の
工具（金型）
送給・位置決め
取出し
材料
製品
ボルスター

図1 プレス作業

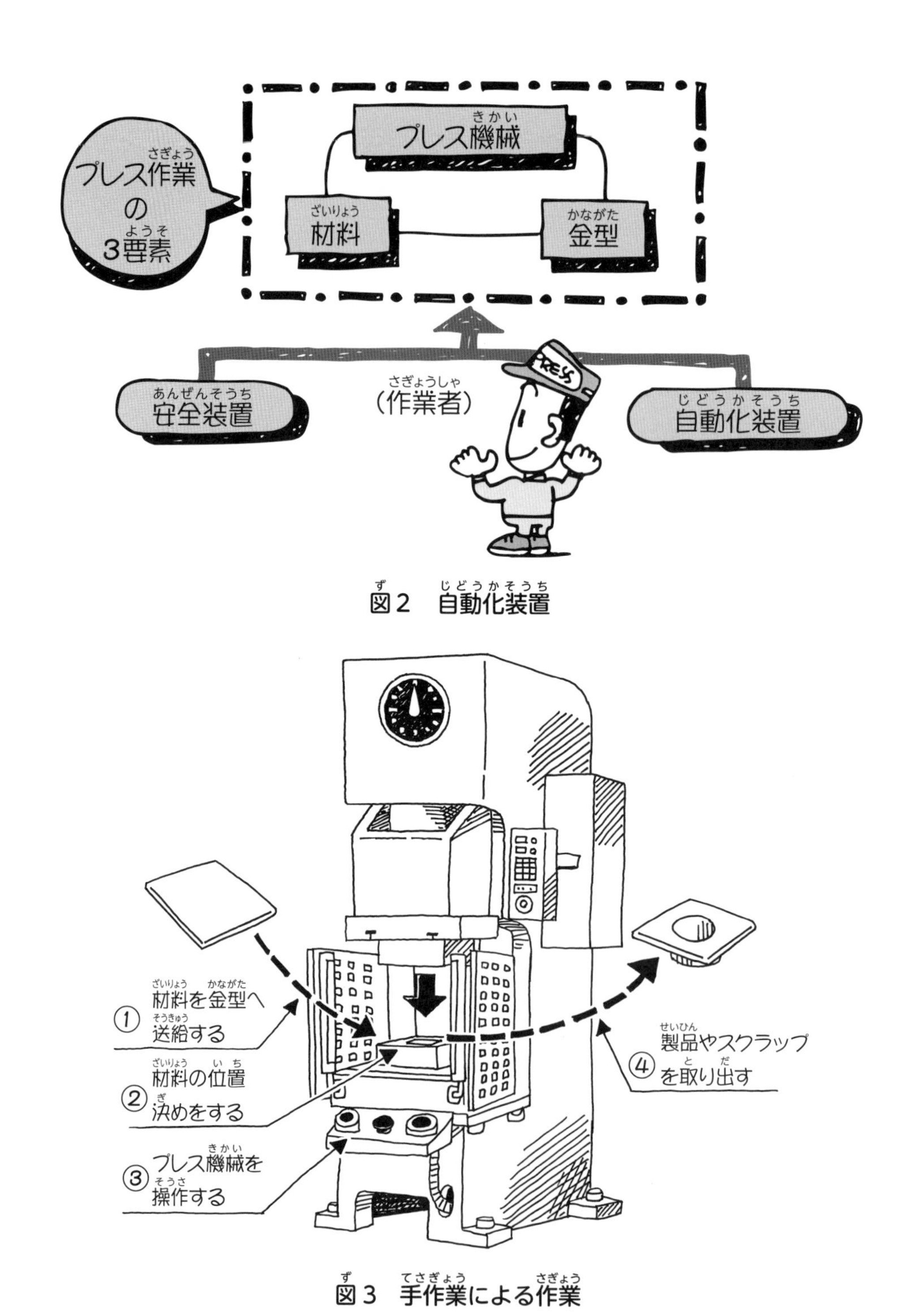

図2　自動化装置

図3　手作業による作業

③　プレス機械を操作する

④　製品やスクラップを取り出す

自動化による作業では，この手作業部分を機械装置により行います。送給，取り出しとも自動化された場合には，プレス機械は連続運転されるのが一般的ですが，自動化された作業でも，運転開始時や故障などにより停止したときの復帰作業時などに，人間がかかわる作業のあることを忘れないでください。

(3) プレス機械の動作（行程）

プレス機械のスライドを作動させることを「起動」といいます。スライドは一般に，スライドが一番上にある状態（上死点）から下降し，最も下がった状態（下死点）まで下がり，次に上昇に移って上死点に戻るという運動をします。この上下運動を「ストローク」といいますが，この運動のしかた（行程）には，次の種類があります。

一行程：起動ボタンを押して，ボタンから手を離してもスライドが一往復して上死点で停止するものです。次の作動を行うためには，再度ボタンを押すことが必要です。この上死点で一旦停止し，次の操作まで起動しない機構を「一行程一停止」といいます。

安全一行程：押しボタン等を操作している間のみスライドが作動し，通常は下死点（下限）通過後上昇行程中は，押しボタン等から手を離してもスライドは停止せず（手を離せば止まるものを含む），押しボタン等を押し続けても上死点（上限）で停止する行程で，両手式安全装置と組み合わせてスライドによる危険を防止する対策が行われるものをいいます。

連続行程：押しボタン等を操作すればスライドは起動し，押しボタン等から手を離しても，また押し続けても連続してスライドが下降行程及び上昇行程を継続する行程をいいます。これを停止させるには連続停止ボタン，または非常停止ボタンを押します。連続停止ボタンを押すとスライドは上死点で停止します。一般のプレス機械に自動化装置を取り付けたもので，光線式安全装置を併用しているものは，危険範囲内に手を入れて光線を遮断したとき急停止させるようにすることが可能です。

寸動行程：これは金型取り付けの際の型合わせやトラブルが発生したとき（非定常作業時）などに使用します。ボタンを押している間のみスライドが移動するもので，通常作業では使用しません。起動ボタンを頻繁に操作することにより，ストロークのどの位置でもスライドの移動，停止を繰り返すことができます。

(4) プレス機械のスライド起動の操作方式

プレス機械のスライドを起動させる操作の方法としては，次の 3 通りの方式があります（**図 4**）。

両手操作：2 つのボタンスイッチ（起動ボタン）が離れて取り付けられており，両手を使ってそれぞれのボタンを同時（左右の操作の時間差が 0.5 秒以内）に押さないと起動しないものです（ただし，現在も同時に押さなくても起動する機械もあります）。

片手操作：手押しボタンを 1 つ押して起動するもので，もう一方の手は自由になるので安全対策が必要です（両手操作への切替えを推奨）。

足踏み操作：足踏みスイッチを踏むと起動するもので，両手が自由になり材料の取り出しや送給作業ができますが，その動きと足踏みとのタイミングが合わないと労働災害になるため危険度の高いもので，安全対策が必要です（両手操作への切替えが必要です）。

これらのほかに，1 台のプレス機械に複数の作業者がかかわり作業を行うこともありますが，このような場合には複数の者が同時に操作しなければなりません。プレス機械操作の安全対策は，それぞれの状態に合わせて行うことが必要です。

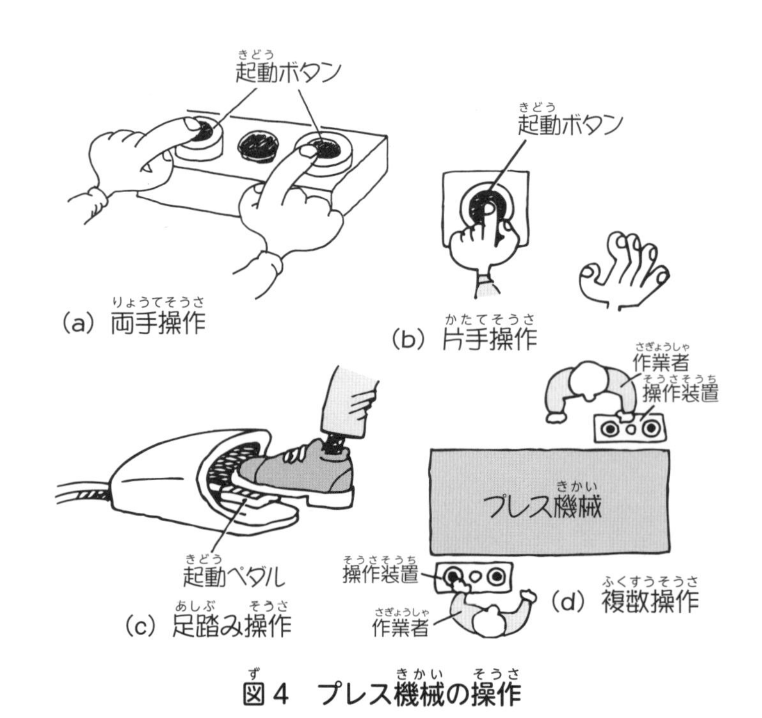

図 4 プレス機械の操作

2 プレス災害と安全対策

プレス機械により発生する労働災害には,

① 金型の間にはさまれる

② 破損した金型や加工物が飛来する

などがありますが,代表的なプレス災害は「金型の間にはさまれる」ことによる災害です。

(1) プレス災害の発生メカニズム

一般に機械による災害は,運動中の機械の運動部分に人間の身体の一部が入ることにより,人間が機械の運動部分に接触して発生します。プレス機械であれば,スライドが動いている箇所に材料・製品の送給・取り出しのために手や体が入ることでプレス災害が起こるのです。人間が作業する領域と機械が運動する領域が重なる部分が危険なのです(**図5**)。

(2) 安全対策の基本的な考え方

「金型の間にはさまれる」といった災害の安全対策の基本は,プレス機械の運動部分の運動と人間の手,指などの動きとを切り離し,重ならないようにすることです。その方法には,空間的に分離する方法と時間的に分離する方法が

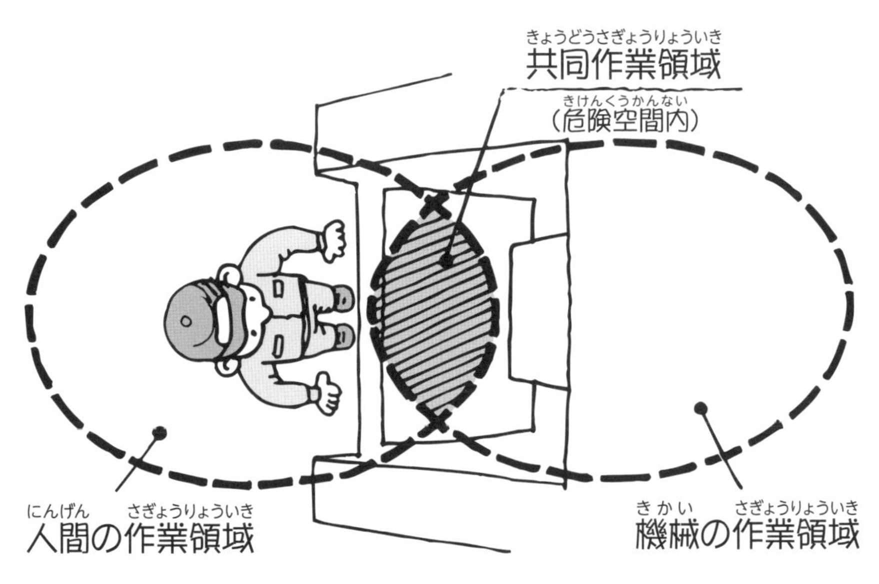

図5 災害は共同作業領域で発生する

あります。

①　「空間的分離」

【機械が運動する危険な空間から人間の作業領域を分離する。（ノーハンド・イン・ダイ作業）】

プレス機械の危険範囲は上下の金型（＝ダイ）の間です。この範囲内に手，指を入れない作業方法（ノーハンド・イン・ダイ）とすれば災害は発生しません。この方法としては，

a　「安全囲い」（危険範囲を防護柵などで囲って手，指が入らないようにする）

b　「安全型」（上下の金型の間のすき間をせまくして手，指が入らないようにする）

などがあります。

②　「時間的分離」

【スライドの運動中に人間の手，指が危険範囲に入らないようにする。（ハンド・イン・ダイ作業）】

機械の作業領域に人間の身体の一部が入るハンド・イン・ダイ作業では，スライドの運動中は手が入らないようにする，あるいは手，指が入るとスライドが停止するというように，手，指の運動と，スライドの運動を時間的に分離することにより安全を確保する方法があります。一般には，次のような安全装置を単独で，あるいは組み合わせて使う方法です（**図6**）。

a　インターロックガード式

b　両手操作式

c　光線式

d　静電容量式

e　制御機能付き光線式（PSDI）

f　プレスブレーキ用レーザー式

g　手引き式　　※（これらの安全装置については第３章で説明します）

⑶　その他の問題点

では「破損した金型や加工物が飛来する」といったプレス災害の安全対策はどうでしょうか。

金型の破損は，一般に，

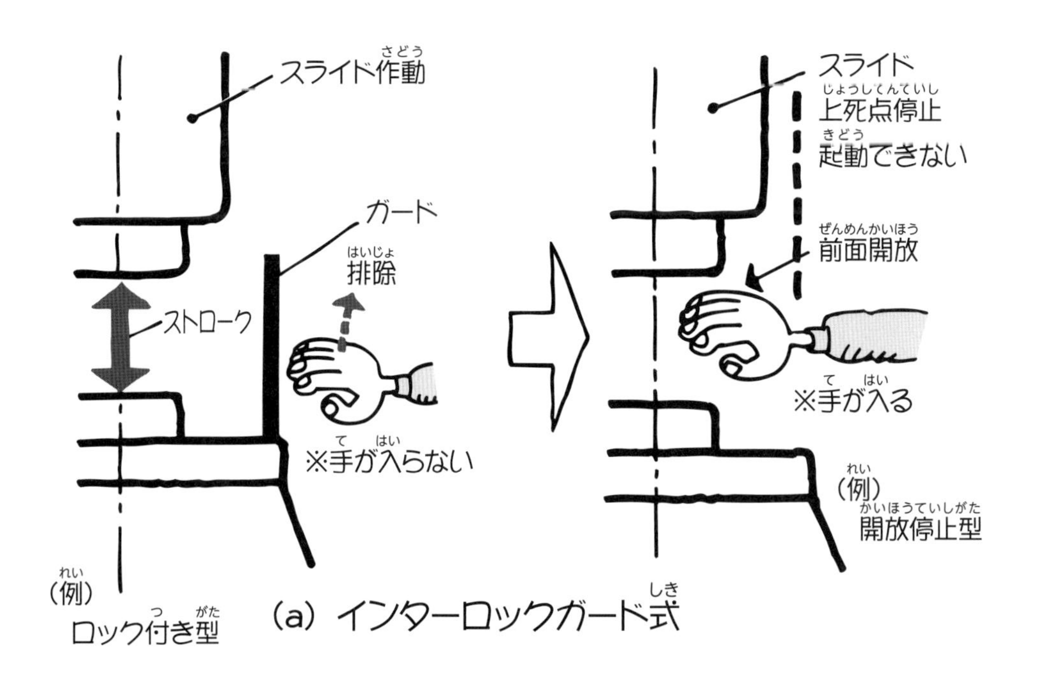

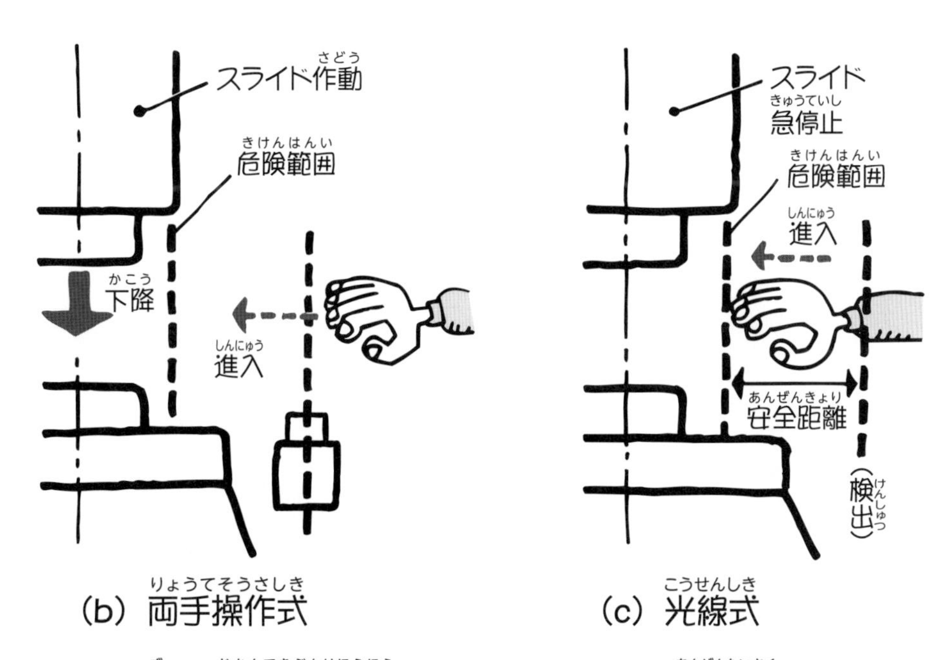

図6　時間的分離方法，ハンド・イン・ダイの安全対策

① 金型の取り付けの不備
② 過負荷

などにより発生します。過負荷は二枚送りなど材料の送給を余分に行ったとか，スクラップが残ったときに発生します。的確な作業標準を作成し，正しい作業を行うという安全管理が必要です。

コラム 1

プレス機械による労働災害はどれくらい発生しているの？

プレス機械による労働災害は，労働安全衛生法（P.81 参照）が施行された昭和 47 年から，40 年以上経て大幅に減少しましたが，ここにきて再び増加の傾向がみられます。

平成 21 年から 29 年までの労働災害発生件数の推移は，右表のとおりです。

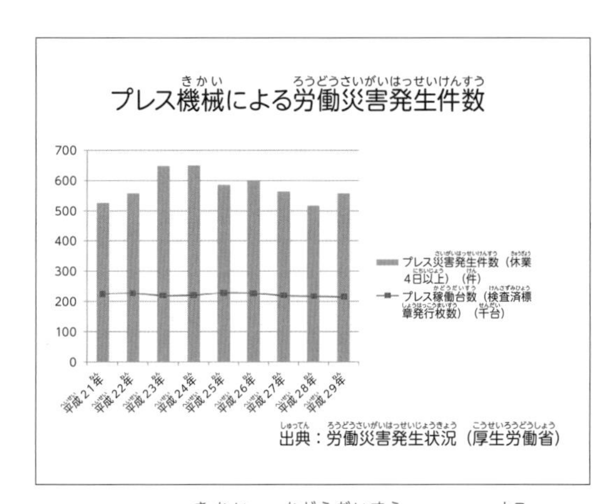

特に平成 28 年と 29 年においては，プレス機械の稼働台数はほぼ横ばいですが，労働災害は再び増加している状況にあります。

また，労働災害の要因調査によると，プレス機械の作業中に発生している労働災害の 8 割近くが「安全装置がない」または「安全装置が不完全」などの理由によるものです。

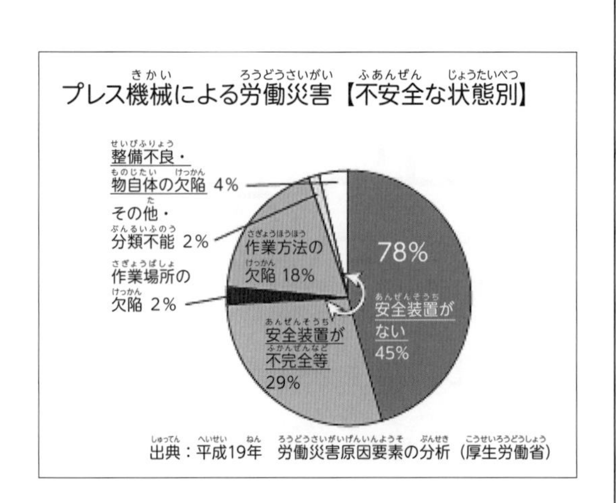

安全装置の異常を発見したときはただちにプレス機械を停止させ，責任者に報告し指示を受けましょう（P.30 以降参照）。

第2章

プレス機械の種類と構造

1 プレス機械の主な種類

プレス機械は，スライドの駆動動力のタイプによって，機械プレス，液圧プレスなどに大別されます。現在，わが国で使われているプレス機械の多くは機械プレスです。

機械プレスは，フライホイールの回転で蓄えられたエネルギーをクラッチ，クランク軸を介してスライドの動きに変え，加工を行うものです。

液圧プレスは，油圧，水圧によりシリンダーを動かし，シリンダーに取り付けられたスライドを動かして加工するものです。液圧プレスの大半は油圧によるものですが，水圧を使用するものもあります。

さらに機械プレスは，スライドの数（単動・複動・三動等），スライド駆動機構の種類（クランク，クランクレス，ナックル，フリクション等），スライド駆動のユニットの数（クランクではシングル，ダブル，フォアー等），フレームの形式（C形，ストレートサイド形など）により区分されます（図7）。

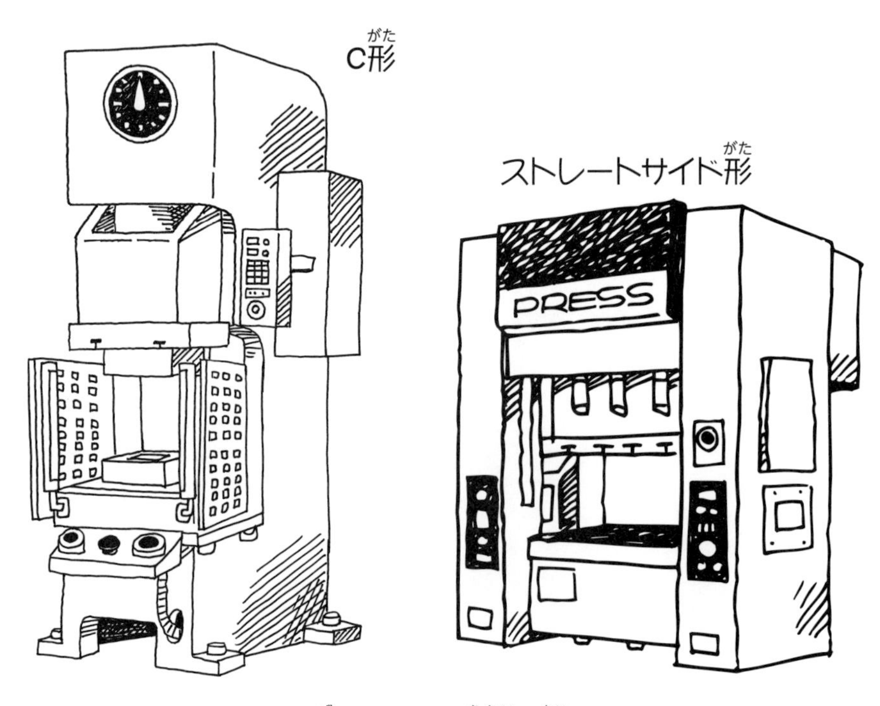

図7　プレス機械の例

また，その大きさで見れば次のようになります。

① 小型汎用プレス（C形フレームクランクプレスなど）
② 中型汎用プレス（ストレートサイド形フレームプレスなど）
③ 大型汎用プレス（クランクレスプレスなど）

表1　機械プレスの実用的分類

スライドの数		単動									複動					
スライド駆動機構の種類		クランク			クランクレス			ナックル		フリクション	トグル					ボトムスライド
スライド駆動ユニットの数		単（シングル）	複（ダブル）	4（フォアー）	1点	2点	4点	単	複	単	単クランク	複クランク	1点	2点	4点	単
フレームの形式	C形	○	○		○	○										
	ストレートサイド形	○	○	○	○	○	○	○	○		○	○	○	○	○	
	特殊	○エキセン形								○						○

注）プレスの呼称中には，フレームの形式，クランクの数などが次のように含まれている。

200 kNストレートサイド　シングル　クランクプレス
↓（フレーム形式）　↓（クランクの数）　↓（スライド駆動機構）

表2　ポジティブクラッチとフリクションクラッチの比較

	ポジティブクラッチ	フリクションクラッチ
保守	フリクションよりよくない	よい
安全性	フリクションよりよくない	よい
過負荷（トルク）の発生	生じる	防げる，安全装置の働きをする
同調運転	困難	容易
自動運転	困難	容易
遠方操作	困難	容易
容量的な制限	大容量のものはできない	なし
高速性（高速でも使える）	よくない	よい
寸動（インチング），非常停止	できない	できる
いかなるクランク位置（角度）でも掛外しできるか	できない	できる

2 機械プレスの主な構造と機能

プレス機械の大半を占める機械プレスについて，主な構造と働きを説明してみましょう（**図 8**）。

⑴ **スライド**

クランクなどにより上下に動く部分でこの下に上型（金型の上側の部分）を取り付けます。

⑵ **ボルスター**

下型（金型の下側の部分）を取り付ける台となる部分です。

⑶ **クラッチ**

クラッチはフライホイールの回転軸とクランク軸とを接続するもので，この断続によりスライドを動かします。ここは安全上も重要な部分で，もしクラッチ部分が故障するとクラッチが切れるべきときに切れず，スライドが下降してしまい災害となるおそれがあります。

クラッチには次の 2 種があります（**図 9**）。

① フリクションクラッチ（摩擦クラッチ）
摩擦により回転力を伝達するもの

② ポジティブクラッチ（確動クラッチ）
ピン（スライディングピンクラッチなど），キー（ローリングキークラッチなど）などにより機械的に接続するもの

これらのクラッチには機能上，比較表（P.21 表 2）に見られるような違いがあります。現在のプレスは①のフリクションクラッチが多く採用されていますが，古いものでは②のポジティブクラッチのものも使用されています。

これらのクラッチの安全上の大きな差は「スライドの運転中にスライドを急停止できるかどうか」という点です。人間が手を危険範囲に近づけたようなときに，これを検知してスライドを急停止させることができれば安全上非常に有利ですが，フリクションクラッチは運転中でもクラッチを切り，スライドを急停止できるのに対し，ポジティブクラッチはスライドの 1 ストロークが終了しないとクラッチが切れず，スライドも急停止できません。

フリクションクラッチには，その形として，

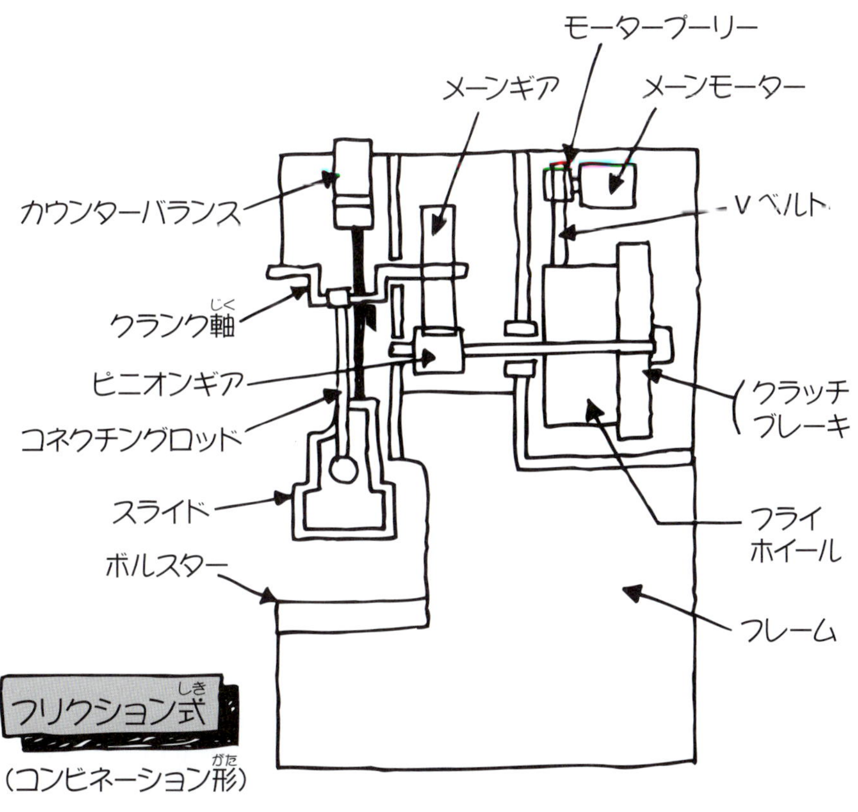
モーター プーリー
メーンギア
メーンモーター
カウンターバランス
Vベルト
クランク軸
ピニオンギア
コネクチングロッド
クラッチ
ブレーキ
スライド
フライ
ホイール
ボルスター
フレーム
フリクション式
(コンビネーション形)

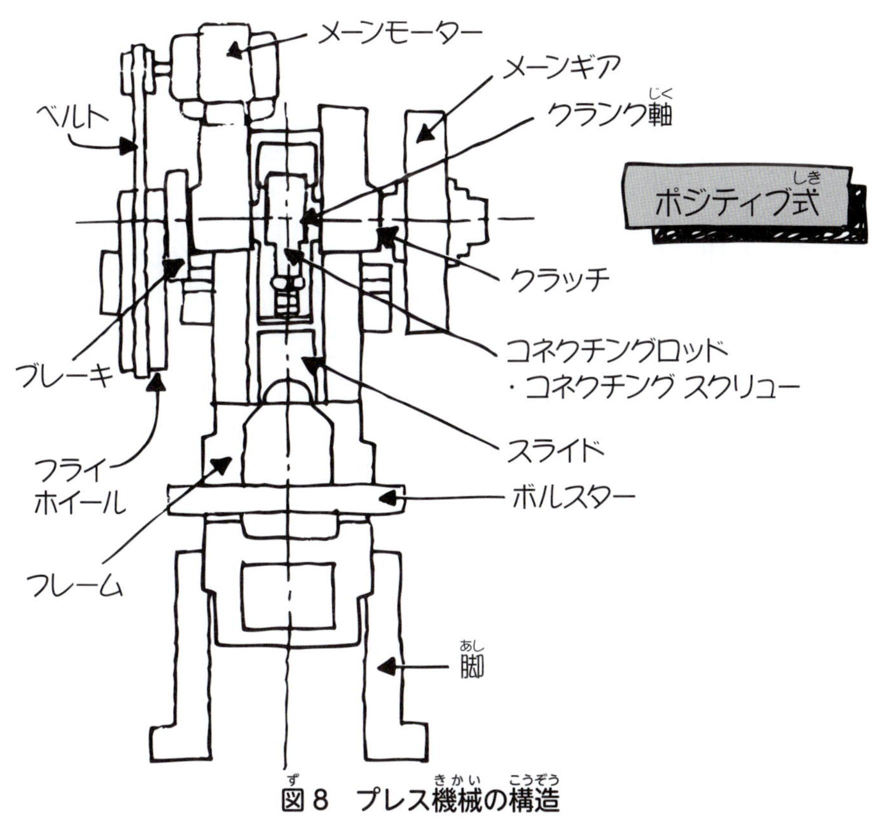
メーンモーター
メーンギア
ベルト
クランク軸
ポジティブ式
クラッチ
ブレーキ
コネクチングロッド
・コネクチング スクリュー
スライド
フライ
ホイール
ボルスター
フレーム
脚

図8　プレス機械の構造

① コンビネーション形（一体形。ブレーキとクラッチが一体となっているもの）

② セパレート形（ブレーキとクラッチが別個になっているもの）

方法では，

① 乾式（ドライタイプ。クラッチ部分が外部に露出している）

② 湿式（ウエットタイプ。クラッチ部分はケースに収納され，内部に油が入っている）

があります。

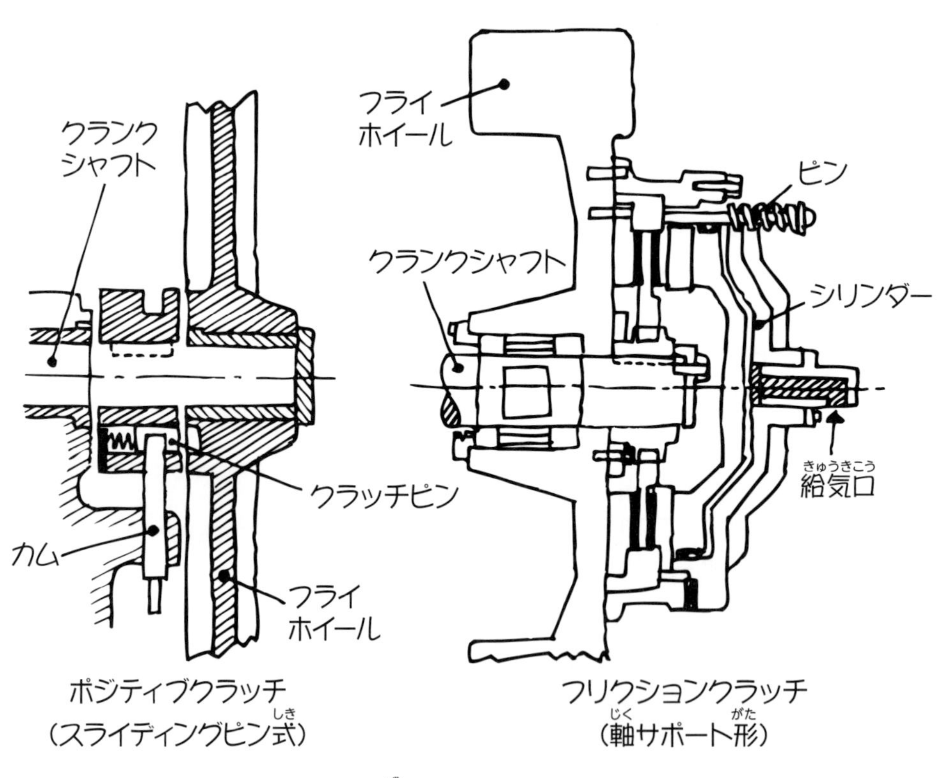

図9　クラッチ

⑷ ブレーキ

ブレーキは，スライドの動きを停止させるもので，ブレーキの機能が低下すると，スライドが所定の位置で停止しなくなり，場合によっては下死点まで下降することになって，これもまた非常に危険です。

ブレーキの構造としては，次のような形があります（図10）。

① ディスク形

② シュー形

③ バンド形

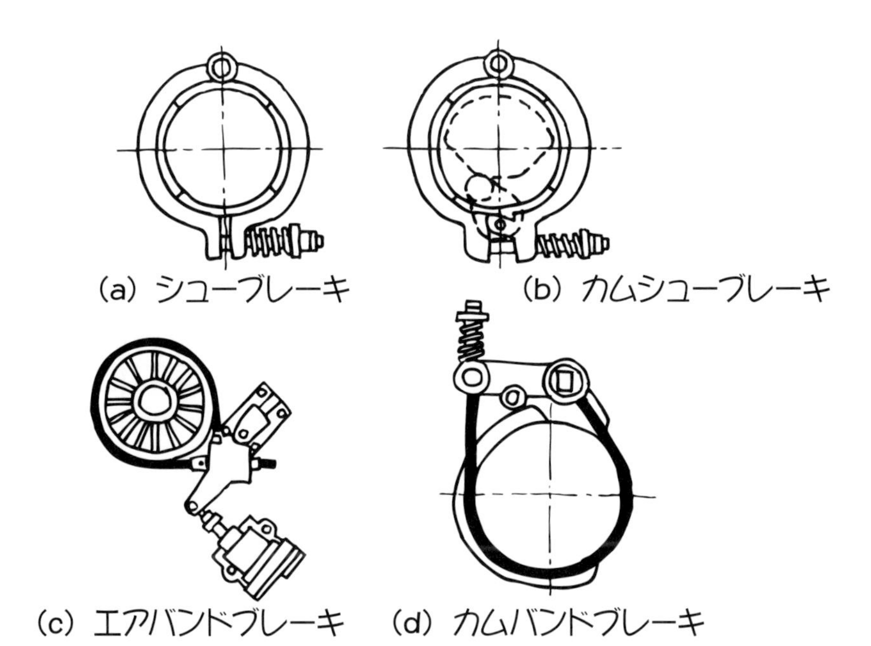

(a) シューブレーキ　(b) カムシューブレーキ

(c) エアバンドブレーキ　(d) カムバンドブレーキ

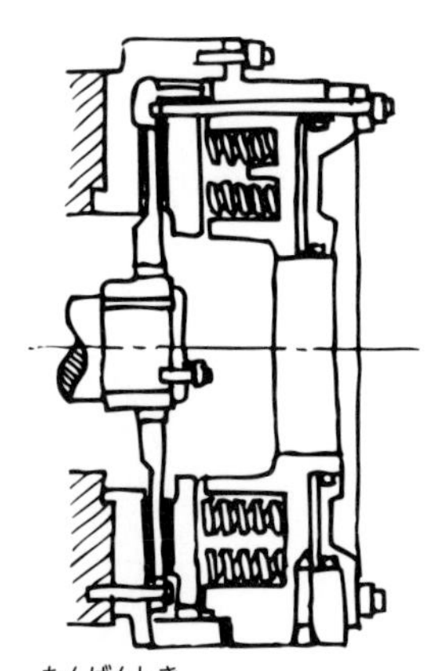

(e) 単板式ディスクブレーキ

図10 ブレーキ

フリクションクラッチにはディスク形，ポジティブクラッチにはシュー形が多く使用されています。

現在バンド形は，バンドの切断による危険性があるため機械プレスでは使用が禁止されています（動力プレス機械構造規格第 24 条第 1 項第 1 号）。

⑸　操作盤

操作電源スイッチ，プレスの行程の切替えスイッチやセレクタスイッチ，両手，片手，足踏みなどの操作方法の切替えスイッチ，モーター運転ボタン（起動・停止）などの操作用スイッチや運転状態の表示（灯）をまとめたもので，運転中でも見やすく，誤操作しにくい位置に取り付けられています（図 11）。

スイッチなどの機能は，一般的には日本語で記載されていますが，図形記号で表示をしているものもあります。

種々のスイッチのうち，最も重要なプレスの行程の切替えスイッチおよび操作方法の切替えスイッチには必ずキー（鍵）が付いていて，プレスの行程および操作方法の変更はキーがなければできないようになっています。キーの保管はプレス機械作業主任者等が行うことになっています。

行程の切替えについては，次のようになっているものが一般的です。

①　オフ（OFF，切）プレスは全く

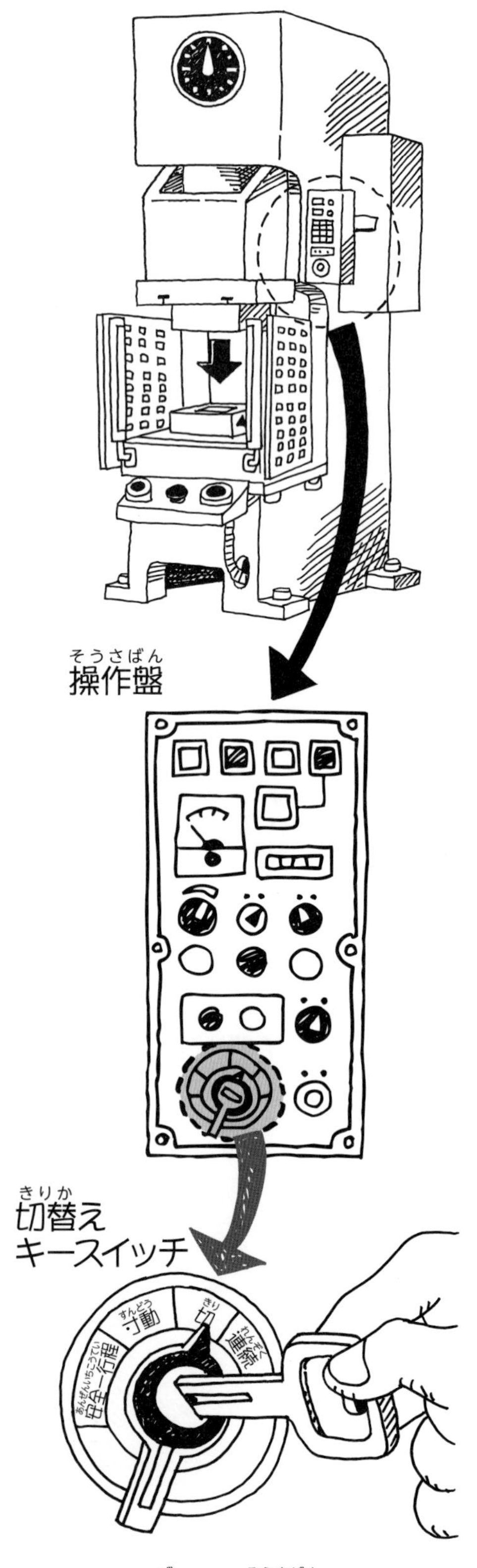

図 11　操作盤

動きません。この位置に切り替えてキーを抜き取り保管しておけば，誰も動かすことはできません。

② 寸動行程　③ 安全一行程　④ 連続行程

⑹ オーバーラン監視装置

スライドの行き過ぎを防止するため，ブレーキ機能を常時チェックする装置です。ブレーキの効き方が悪いなどの異常を検知して災害を未然に防ぐためのものです。

クランクの停止角度を一行程ごとに監視しており，その停止角度がメーカーの設定した角度を超えた場合に作動して，スライドを急停止させます。また，操作盤上の表示灯を点灯するなどにより異常を知らせます。

⑺ 過負荷防止装置（オーバーロードプロテクター）

スライドの加圧力が所定の値を超えると金型の破損，機械の損傷につながります。このような過負荷を防止するための装置です。

⑻ 安全ブロックなど

安全ブロックは金型の交換，修理，保守点検などの際に，故障などによりスライドが下降することのないよう，スライドとボルスターの間に入れる支え棒です。安全ブロックを使用中はプレス運転操作ができないようになっています。なお，ボルスターの大きさなどによっては安全プラグまたはキーロック方式でよいことになっています（**図 12**）。

安全プラグは差し込み式のスイッチで，プラグを抜くと電気回路が遮断されるようになっています。キーロックは主電動機と操作用の電気回路をオフにするキー付きのロック装置です。

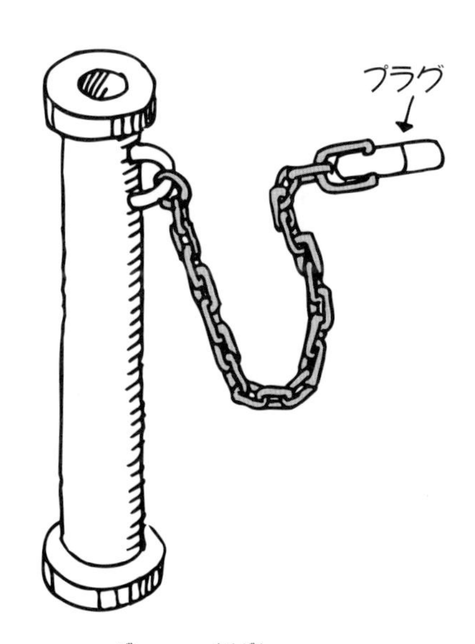

図 12　安全ブロック

⑼ その他の機能

作業者の安全を守るため，プレス機械には次のような機構が備えられています。

① 急停止機構

スライド運転中に作業者の意思に関係なく自動的に停止する機構で，光線式安全装置からの信号などにより作動するようになっています。急停止してからの再起動は，操作ボタンなどを設定，操作し直す必要があります。ポジティブクラッチのプレス機械にはこの機構はありません。

② 非常停止装置

作業者が危険を発見したようなとき，作業者が意識して非常停止スイッチを操作しスライドの動きを停止させる装置で，急停止機構のあるプレス機械に備えられています。非常停止スイッチは，一般的には赤色の突頭形の押しボタンとなっています（図 13）。

非常停止してからの再起動は，非常停止の解除操作をして，寸動運転でスライドを所定の位置に戻してからでなければできません。

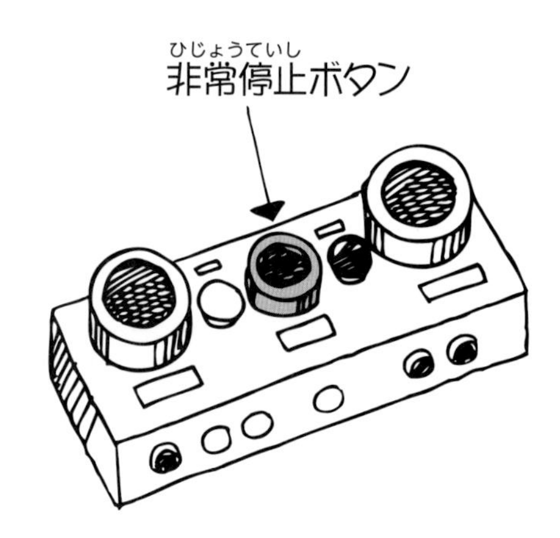

図 13　非常停止ボタンの例

第3章

安全装置等の種類と構造

1 安全対策の基本的な考え方

第１章『プレス作業とは』に記載したようにプレス作業の安全対策としては，作業をノーハンド・イン・ダイ作業とする方法（安全囲い，安全型など）と，ハンド・イン・ダイ作業で安全装置を使用する方法があります。

安全装置には次のようなものがあります。

① **インターロックガード式**　ガード板が危険域を遮蔽してからスライドが動くものです。スライド下降中には手を入れることができません。

② **両手操作式**　両手で押しボタン等を押してスライドを起動するものです。ボタンから手を離したとき離れた手が危険範囲に達する前にスライドが停止するか，または，スライドが下死点を過ぎていれば上死点で停止するものです。

③ **光線式**　光線式のセンサーが危険範囲に入ろうとした手などを検知して，動いているスライドを急停止させるものです。

④ **静電容量式**

静電容量式のセンサーが危険範囲に入ろうとした手などを検知して，動いているスライドを急停止させるものです。

⑤ **制御機能付き光線式（PSDI）**　プレス作業者の身体の一部がスライドの上型と下型との間隔が小さくなる方向への作動中（閉じ行程の作動中）に危険限界に接近したときに，光線の遮断を検出してスライドの作動を停止し，かつ，身体の一部による光線の遮断の検出がなくなったときに，スライドを作動させる機能（PSDI 機能）を有するものです。

⑥ **プレスブレーキ用レーザー式**

レーザーセンサーが危険範囲に入っている手を検出して動いているスライドを急停止させるものです。

⑦ **手引き式**　スライドが動くときに危険範囲内にある手，指を強制的に危険域から排除するものです。

 安全装置等の種類と機能

(1) 安全囲い，安全型の種類と機能

① 安全囲い

安全囲いは，ノーハンド・イン・ダイの作業方式の中で最も一般的なもので，作業者の手，指が危険範囲まで届かないように危険範囲を囲うものです。手を入れようとしても入らない方式なので，誰もが安全な作業をすることができます。打ち抜き作業などの一次加工には，安全囲いが効果的です。安全囲いは邪魔になるからといって外してはいけません。

安全囲いには，次の2種類があります（**図 14**）。

a　金型に取り付けられた「型取付け安全囲い」

金型に囲いを取り付けたもの。金型交換の際に取り外されたままとなることがありません。

b　プレスに取り付けられた「プレス取付け安全囲い」

プレス機械に囲いを取り付けるもの。固定式のものと調節が可能なものがありますが，調節式のものは作業の方式，金型の状況に合わせて調整す

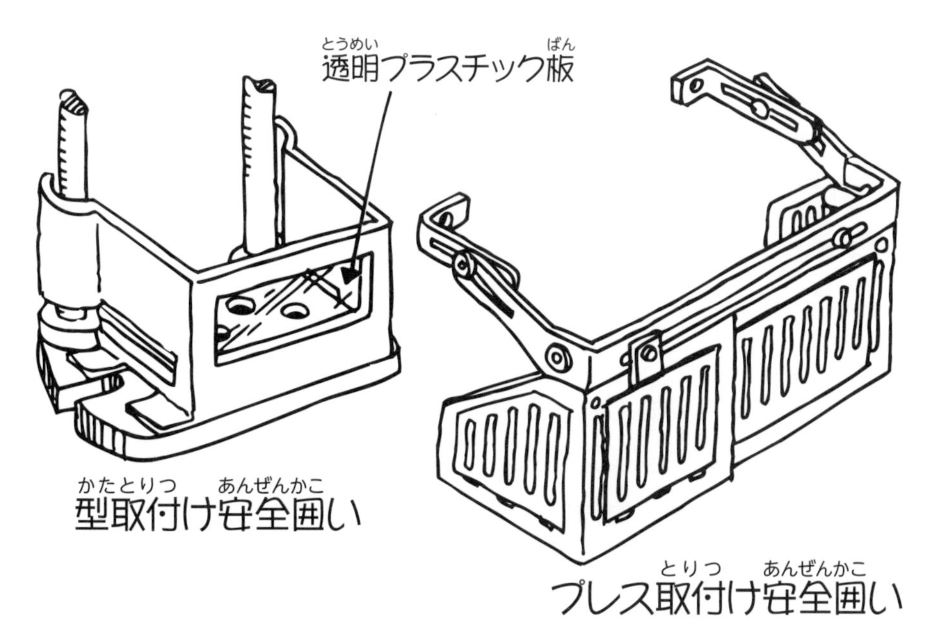

図 14　安全囲い

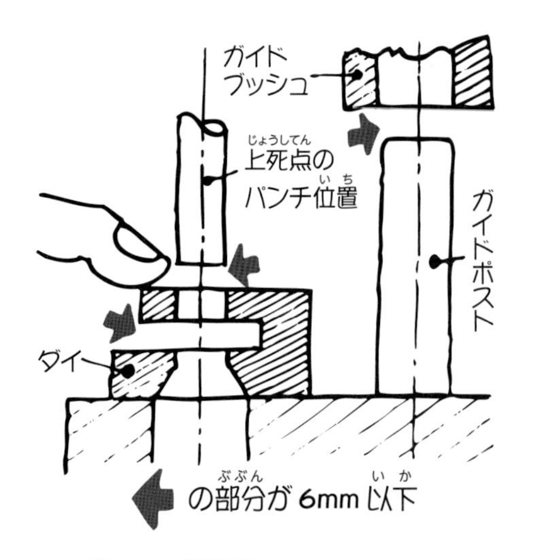

図15　安全型とガイドポスト

る必要があります。金型交換の際には，取り外すかまたは一部を開きますが，金型取り付け後は，再度しっかりと固定して使用しなければなりません。

② 安全型

安全型は，金型の上型と下型のすき間が6 mm以下になっているもので，指が金型の間に入らないように設計されているものです。安全型とすることができる金型は，ストローク長さや材料の形状により限定されますが，安全上の効果は高いものです（**図15**）。

安全型とするには，次の点に注意が必要です。

a　パンチと固定ストリッパーの間が6 mm以下

b　固定ストリッパーまたは可動ストリッパーと金型の間が6 mm以下

c　はめ合い状態のガイドポストとブッシュの間が6 mm以下

(2) 安全装置の種類と機能（図16）

① インターロックガード式安全装置

インターロックガード式安全装置は，操作スイッチを入れるとガードが動いて危険範囲を遮蔽し，安全が確認されるとプレスが起動するといったもので，寸動操作のとき以外は，ガードを閉じなければスライドを作動させることができないようになっています。インターロックガード式安全装置は次のような特徴があります。

a　ハンド・イン・ダイ作業の方式の中では，最も安全な対策といわれています

b　材料が飛んできてもガードが災害を防いでくれます

c　急停止機構がないプレスでも安全が確保できます

d　両手操作でも足踏み操作でも使用できます

インターロックガード式安全装置には，次のような種類があります。

a　上昇方式（材料を入れた後，ガードが上がる）

b　下降方式（材料を入れた後，ガードが下がる）

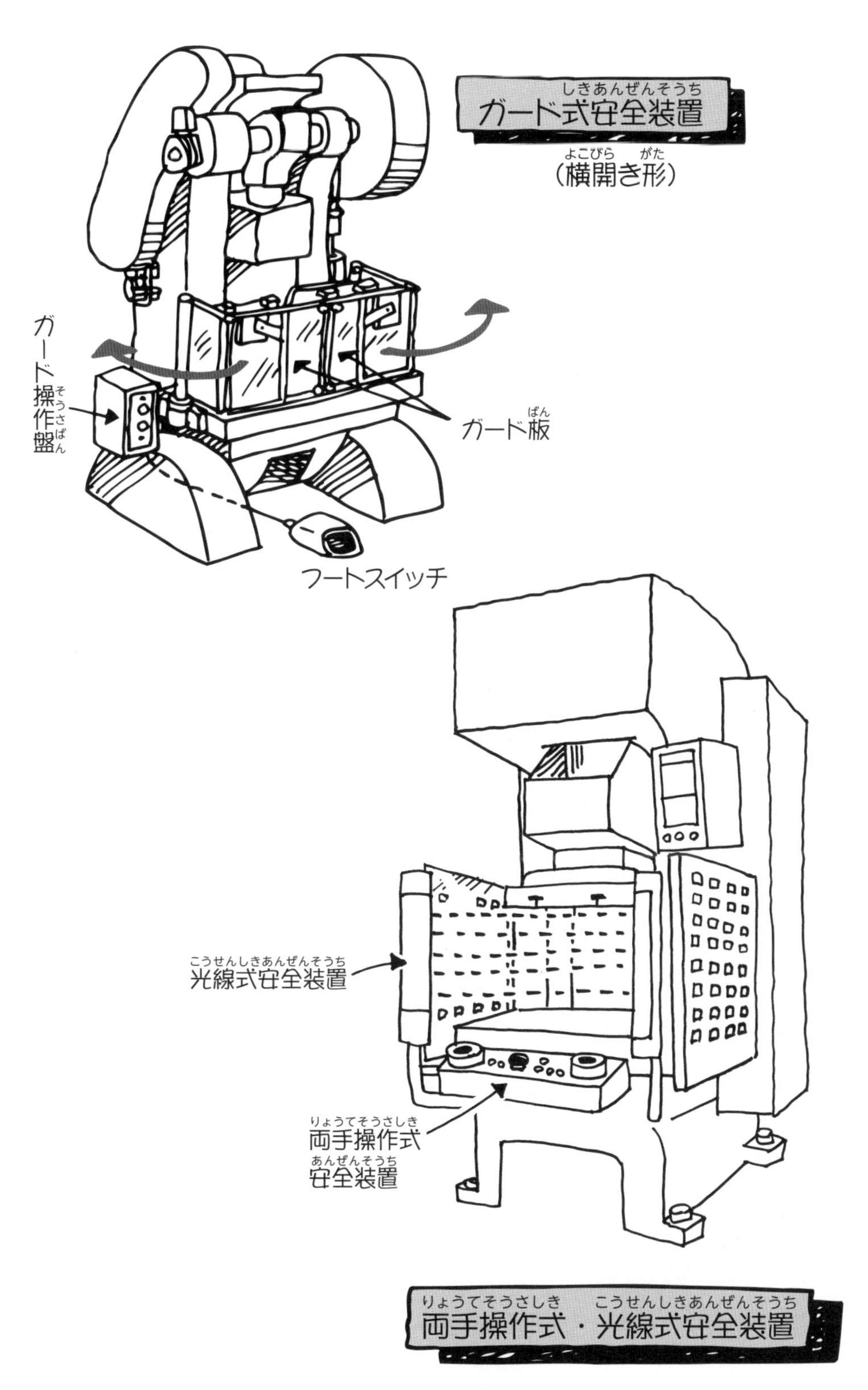
ガード式安全装置
(横開き形)
ガード操作盤
ガード板
フートスイッチ
光線式安全装置
両手操作式安全装置
両手操作式・光線式安全装置

図16 安全装置

c　横開き式（材料を入れた後，ガードが閉じる）

d　開放停止型（ガードを開くとスライドが急停止する）

② 両手操作式安全装置

両手操作式安全装置は，両手で同時に操作することにより手の安全を確保するもので，スライドを起動させるためには，必ず両手で同時（0.5 秒以内）に押しボタン等を押さなくてはならない方式です。フリクションクラッチプレスなど急停止機構のあるプレスに取り付ける安全一行程式と，ポジティブクラッチプレスなど急停止できないプレスに取り付ける両手起動式の 2 種類があります。

プレス作業を足踏み操作で行う場合，手と足の動作のバランスをくずし，スライドの作動中に危険範囲に手を入れてしまうことによる災害が多発しているので，プレスの起動は必ず両手で行うようにすることが大事です。

a　安全一行程式

急停止機構のあるプレスに使用するものです。両手でボタン等を押して起動させますが，スライドの下降中に押しボタン等から手を離すと，ただちに急停止機構によりスライドが停止するようになっています。また一行程が終了し，スライドが上死点で停止した後は，いったん押しボタン等から両手を離さなければ再びスライドを作動させることができないようになっています。

押しボタン等から手を離したときからスライドが停止するまでに離れた手が動き得る距離を「安全距離」といいますが，ボタン等の位置と危険範囲との間の距離をこの安全距離以上としなければいけません（P.41 参照）。

b　両手起動式

急停止機構のないプレスに使用するものです。両手でボタン等を押して起動させますが，ボタン等から手を離してもスライドは止まらないので押しボタン等から手を離した後，手が危険範囲に達するまでにスライドが下死点を過ぎるよう押しボタン等を十分な距離だけ離す必要があります。一般的にはこの安全距離が大きくなり過ぎ実際的でないので，手引き式など他の安全装置を併用することが必要になっています。

③　光線式安全装置

感応式安全装置としては光線式安全装置が一般的です。

光線式安全装置は，手などが光線を遮断すると，検出機構が感知してただちにスライドを急停止させるものです。急停止機構を備えたプレスに使用できます。両手操作式と同様に手が光線を遮断してからスライドが停止するか，または安全な状態になるまでに手が動く距離分（安全距離），危険範囲と光線とを離して設置する必要があります。

光線式安全装置を使用するときは次のことに注意しましょう。

a　安全装置の有効・無効をしっかり確認し，有効な状態としてください。

b　防護高さは十分にとりましょう。立って作業するときは光線の上部に，座って作業をするときは光線の下部に感知しない部分が生じることがないように，光軸数や取り付け位置を確認する必要があります。

c　ストレートサイド形プレスで安全距離が長くなる場合は，内側に無感知部分が発生しないよう対策が必要です（作業者が光線の内側に入ってしまうと安全装置が機能しません）。

d　クラッチなどの故障による二度落ちには効果がありません。

④　制御機能付き光線式（PSDI）安全装置（**図 17**）

PSDI の安全装置は，検出機構の検出範囲以外から身体の一部が危険限界に達することができない構造のものでなければなりません。側面を含めた全周囲での安全囲い等が必要です。

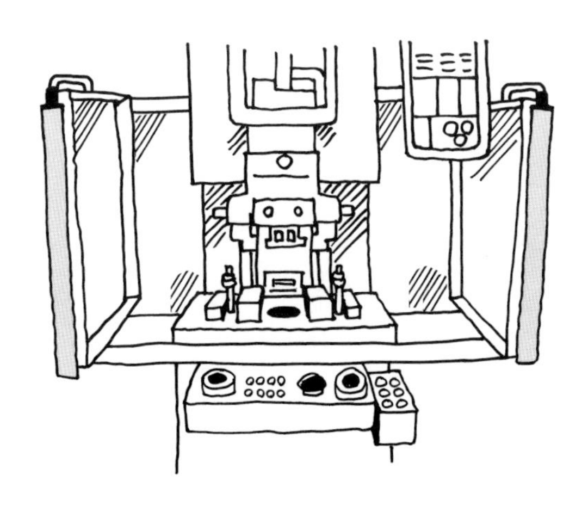

図 17　制御機能付き光線式（PSDI）安全装置

⑤　プレスブレーキ用レーザー式安全装置

レーザービームが危険限界内に入っている手などをスライドが下降しているときに検出して，金型に手をはさまれる手前で急停止させるものです。

⑥　手引き式安全装置

スライドが作動すると作業者の手に結ばれたひもが引かれ，強制的に手を危険部分から引き出す（排除する）ものです（**図 18**）。

手引き式安全装置を使用するときは次のことに注意しましょう。

a　手引きひもの長さと引き量は，金型が閉じるときに作業者の指先が危険部分から十分引き離されるように調整します。

b　ひもの長さ調整は，作業者が交代するたび，作業内容が変わるたびに実施します。

c　絞り作業の場合，ひもの長さの調整は，下死点ではなく，上下金型が噛み合う部分で十分引き離されるようにします。

d　手が引き戻されるときの衝撃で装置が一時的に変形したり，ひもが伸びることがあるので，引き量の調整には十分な注意が必要です。

e　しっかりとした取り付け状態で使用してください。

f　クラッチなどの故障による二度落ちにも効果があります。

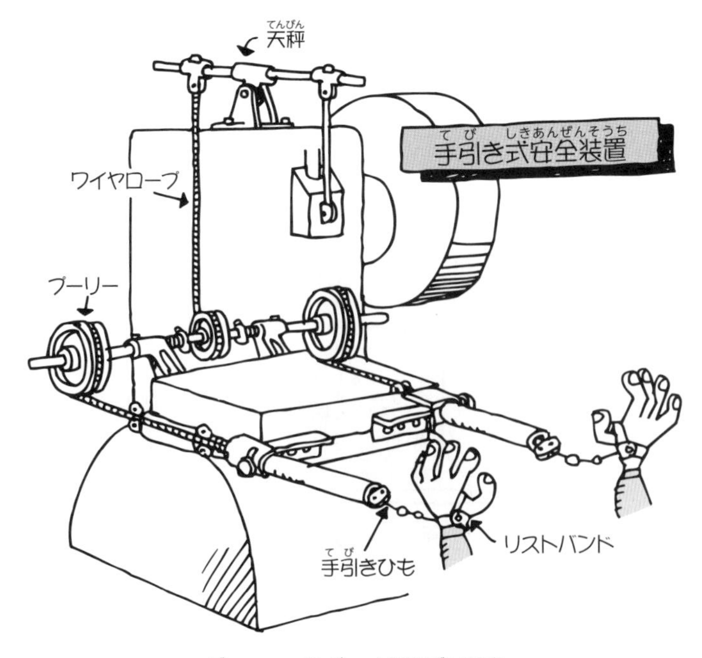

図 18　手引き式安全装置

(3) 安全プレスの種類と機能

安全プレスとは，プレスメーカーが出荷するときすでに安全措置がとられているプレスです。取り付けられている安全装置を使わなければ操作ができないように作られています。

安全プレスには次のような種類があります。

① インターロックガード式安全プレス
② 両手操作式安全プレス
③ 光線式安全プレス
④ 制御機能付き光線式（PSDI）安全プレス

このほか，これらの機能を複数組み合わせたものがあります。

① インターロックガード式安全プレス

インターロックガード式安全装置がプレスに組み込まれて出荷されます。両手で操作したり，足踏みでも操作が可能です。ガードが閉まらないとプレスが動きません。二次加工の作業には最適です。安全装置を外すとプレスはまったく動きません。

② 両手操作式安全プレス

両手操作式安全装置が安全距離を確保して組み込まれています。安全機能は安全一行程式安全装置と同様です。

③ 光線式安全プレス

光線式安全装置が組み込まれています。安全距離も防護高さも規格に合格した形で取り付けられています。両手操作式と光線式を併用している安全プレスが多く使用されています。

④ 制御機能付き光線式（PSDI）安全プレス

プレス作業者の身体の一部がスライドの閉じ行程の作動中に危険限界に接近したときに，光線の遮断を検出してスライドの作動を停止し，かつ，身体の一部による光線の遮断の検出がなくなったときに，スライドを作動させる機能（PSDI 機能）を有するものです。

(4) 自動送給と取り出しの方法

ノーハンド・イン・ダイ作業とする方法としては，材料の送給，製品の取り出しを自動化するというものがあります。自動化により，通常の作業では，作業者は危険範囲に手を入れる必要がなく安全ですが，監視している作業者が自動運転中に材料のズレを直そうとしたり，落ちたスクラップを拾おうとしたりして手を入れ，被災することがあります。光線式安全装置，安全囲いなどを併用することが必要です。

① 送給装置

プレス加工には，原材料から打ち抜きなどを行う一次加工と，一次加工した中間製品をプレスする二次加工があります。一次加工では，プレス機に送り込む材料はコイル，ストリップ（短尺材），シート等である場合が多くなっています。

コイル材は，

a ロールフィーダー

b グリッパーフィーダー

によって金型内に送られます。ストリップ材は，入口側と出口側の両方で板を送るダブルフィード形式が使用されています。

二次加工の送給装置としては，

a シュート

b ホッパーフィーダー

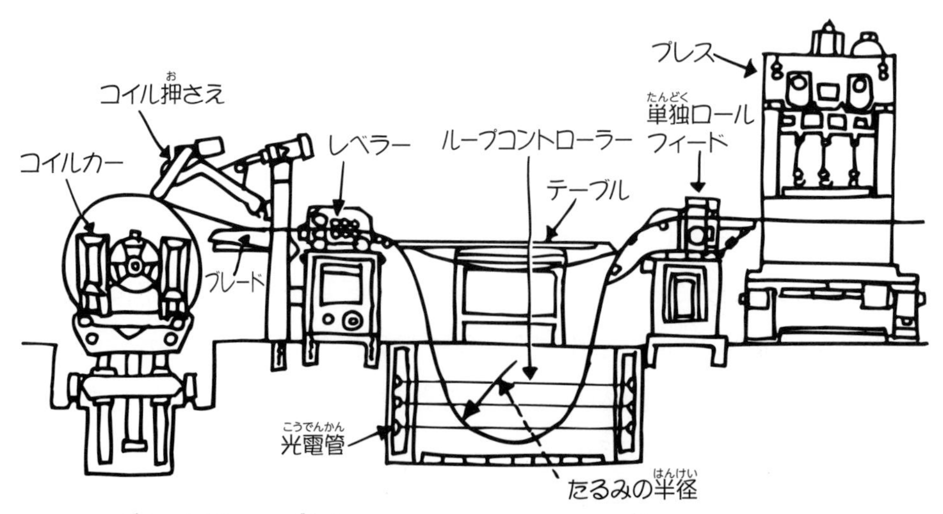

コイル材を使用した場合のブランキングラインの例とループのとりかた

図 19 送給装置の例

c　プッシャー（マガジン）フィーダー

d　ダイヤルフィーダー

などがあります。

② 取り出し装置

プレスされた製品や中間製品を金型から取り出す方式には，傾斜を設け重力で下部に落とすショベルエジェクター，エアーやスプリングを使って製品などを飛ばす方式などがあります。

参考１　各種送給装置

用　語	意　　味
ロールフィーダー	上・下のロール間にはさみ込んだ板材をロールの摩擦力を利用し，ロールの回転によって送る装置。
グリッパーフィーダー	機械的な機構や油圧などで作動するグリッパーブロックによって材料をつかんで送る装置。
ホッパーフィーダー	投入された素材をホッパーの中で分離整列し，シュートを通して金型へ順次送り込む装置。
プッシャーフィーダー	プッシャーを使ってブランクを１枚ずつ金型へ送り込む装置。
ダイヤルフィーダー	回転する円板の割り出し位置に加工品を載せ，金型へ送り込む装置。

参考2　安全距離の計算とその確保の方法

両手操作式安全装置の場合

1　安全距離Dの算式　　D：安全距離　単位：mm

(1)　安全一行程式について

$D=1.6$ (注1) (T_l+T_s)　〔T_l+T_s：最大停止時間　単位：ms（ミリ秒）〕

(2)　両手起動式について

$D=1.6Tm$

Tm（所要最大時間（単位：ms））$=\left(\frac{1}{2}+\frac{1}{N}\right)\times\frac{60{,}000}{\text{毎分ストローク数}}$

N：クラッチの掛け合い箇所の数

2　安全距離の確保（安全距離Dと押しボタンの位置関係）

(1)　C形プレスの場合（機械プレスの場合）

$D<a+b+\frac{1}{3}H_D$　とする

a：押しボタンの中心からスライド前面までの水平距離　単位：mm
b：押しボタンの中心からボルスター上面までの垂直距離　単位：mm
H_D：ダイハイト(注2)　単位：mm

(2)　ストレートサイド形プレスの場合（機械プレスの場合）

$D<a+b+\frac{1}{3}H_D+\frac{1}{6}\ell_B$　とする

a：押しボタンの中心からボルスター前面までの水平距離　単位：mm
b：押しボタンの中心からボルスター上面までの垂直距離　単位：mm
H_D：ダイハイト　単位：mm
ℓ_B：ボルスターの奥行き　単位：mm

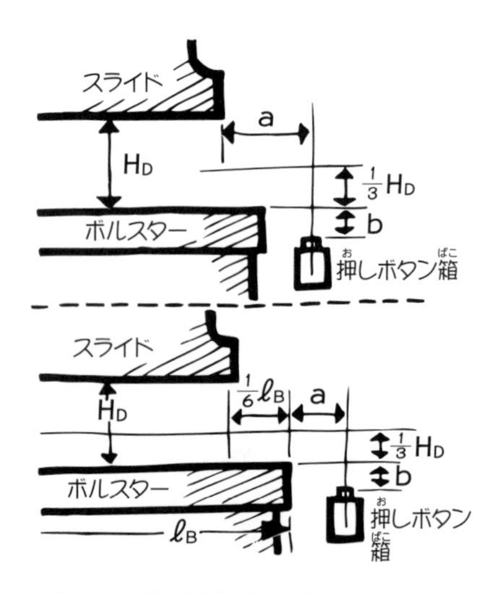

図20　安全距離と押しボタンの関係

光線式，PSDI および静電容量式安全装置の場合

1　安全距離Dの算式

$$D = 1.6\ (T_l + T_s) + C$$

D：安全距離（単位 mm）

T_l：遅動時間（単位 ms）

T_s：急停止時間（単位 ms）

C（注3）：光線式安全装置および PSDI 式安全装置について，次の表に掲げる連続遮光幅（注4）に応じた追加距離（mm）

i　光線式安全装置

連続遮光幅（mm）	30 以下	30 を超え 35 以下	35 を超え 45 以下	45 を超え 50 以下
追加距離（mm）	0	200	300	400

※　平成 23 年 7 月 1 日以降に設置された安全装置に適用されるもの。

ii　PSDI 式安全装置

連続遮光幅（mm）	14 以下	14 を超え 20 以下	20 を超え 30 以下
追加距離（mm）	0	80	130

（注１）厚生労働省では，研究の結果，プレス作業者の手の基準速度を秒速 1.6 m としている。

（注２）ダイハイト：スライドの調整を上りきりにして，ストロークを下死点まで下げた状態で測ったスライド下面とボルスター上面間の距離

（注３）平成 23 年 7 月 1 日以前に設置された光線式安全装置には追加係数Cは不要です。

（注4）　連続遮光幅について

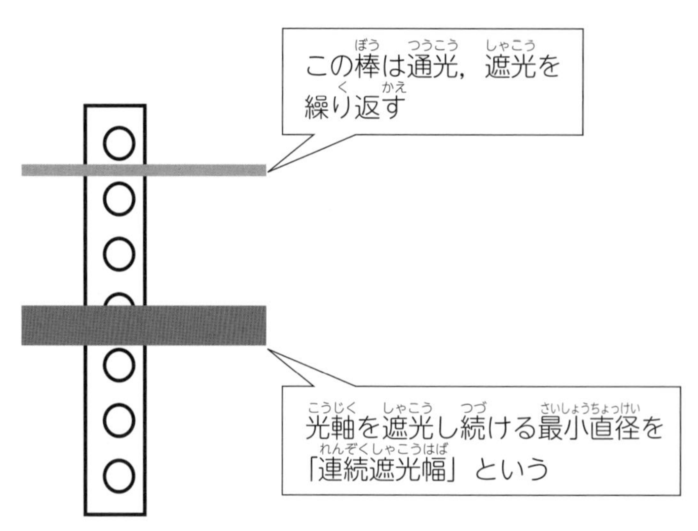

2　安全距離の確保（安全距離Dと光軸の位置関係）

⑴　C形プレスの場合

$D<a$　　　とする

（a：光軸の中心からスライド前面までの水平距離　単位：mm）

⑵　ストレートサイド形プレスの場合

$D<a+\frac{1}{6}\ell_B$　　　とする

（a：光軸の中心からボルスター前面までの水平距離　単位：mm
ℓ_B：ボルスターの奥行き　単位：mm）

最下光軸の位置は，ボルスターと同一面以下であること。

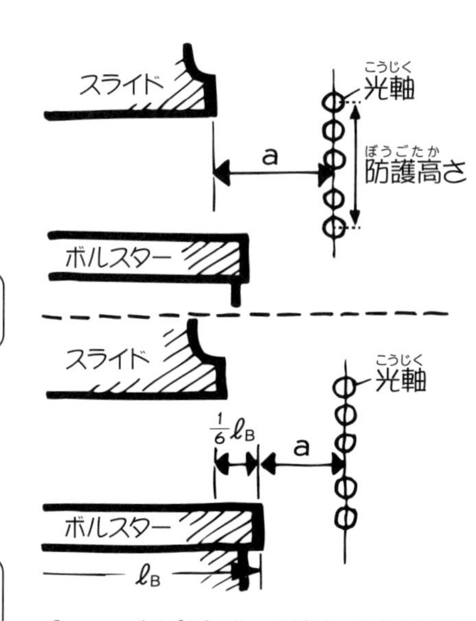

図21　安全距離と光軸の位置関係

第4章（だいしょう）

作業前の（さぎょうまえの）点検方法・注意事項（てんけんほうほう・ちゅういじこう）

作業を始める前に，作業主任者などの指揮を受けながら，以下のような点に注意して点検を行ってください。

◎異常を発見したとき

◎正常か否か判断できないとき

上記のような場合には，プレス機械作業主任者など責任者の指示を求めてください。

修理が必要な場合には，安全が確認できるまで作業を開始してはいけません。

1 機械プレスの点検

(1) クラッチ，ブレーキ

プレス機械のクラッチやブレーキは，安全を確保するために極めて重要な部分です。クラッチやブレーキが故障するとスライドが不意に下降したり，二度落ちしたりして非常に危険です。

① ポジティブクラッチ

a ペダルからクラッチまでの連結部にガタがないか調べる

b クラッチの掛け外しを数回行い，クラッチが“切り”のときに“カチカ

図 22 異常音が発生していないか調べる

チ”などと異常音が発生していないか調べる（図 22）

c　停止するときに作動用カムが所定の位置に停止しているか，下方に押し下げられていないか調べる

d　クラッチ掛け外し金具の作動は適切であるか調べる（ローリングキークラッチの場合）

e　クランク軸の停止位置にバラツキがないか調べる（クランクピンの停止角度が 10 度以内であること）

f　ブレーキシューやバンドにき裂，損傷がないか調べる

g　各取り付けボルト，ナットに緩みがないか調べる

② フリクションクラッチ

a　機械を停止させクラッチの入切を数回行い，エア漏れがないか調べる（図 23）

b　各取り付けボルト，ナットに緩みがないか調べる

c　一行程，安全一行程で操作しクラッチに異常音がないか調べる

d　停止位置のバラツキやブレーキの滑りがないかクランク角度指示計で調べる

e　油は所定の量だけ入っているか油面計で目視により調べる（ウエットタ

図 23　エア漏れがないか調べる

イプ）

f　ガスケット，オイルシールなどより油漏れがないか調べる（ウエットタイプ）

⑵　動力伝達装置，コネクチングロッド，スライド関係

a　歯車類，フライホイール，スライド，コネクチングロッド，コネクチングスクリューなどにき裂，損傷がないか調べる

b　クランクシャフト，フライホイール，スライド，コネクチングロッド，コネクチングスクリューのボルト，ナットの緩みがないか調べる

c　スライドの上型取り付け部に変形などの異常がないか調べる

⑶　プレス機械の本体

a　フレーム，脚，ボルスターなどにき裂，損傷，変形などがないか調べる

⑷　覆い類

a　プレス機械のペダル，フートスイッチには覆いが取り付けられているか調べる

b　歯車類，フライホイールなどの回転部分には接触防止用の覆いが取り付けられているか調べる。また，それらの覆いの取り付けボルト，ナットの緩みがないか調べる

⑸　油圧，潤滑関係

a　作動油圧などの設定を圧力計で確認する

b　スライドのガイド部分などに給油が正常に行われているか調べる

⑹　空気圧関係

a　クラッチ・ブレーキなどの作動に空気圧を使用しているプレス機械は，所定の圧力になっているか調べる

⑺　一行程一停止機構，急停止機構，非常停止装置

a　押しボタンを押し続けまたはフートスイッチあるいはペダルを踏み続けても，スライドが確実に一行程で上死点に停止することを確認する（**図24**）

b　急停止機構があるプレスでは，寸動および安全一行程で，各操作中にクランク角度が 90 度付近のところで押しボタンから手を離してスライドが急停止するか調べる

c　連続運転としてクランク角度が 90 度付近のところで非常停止ボタンを

図24　スライドが上死点に停止することを確認する

押してスライドが急停止するか調べる

(8)　**電気関係**

a　操作盤などの配線に損傷がないか調べる

b　モーターの電流計が正常であるか調べる

2 液圧プレスの点検

(1) 作動油，潤滑関係

a　作動油タンクなどの油量が所定量であるかレベルゲージにより確認する（図 25）

b　作動油圧などの設定を圧力計で確認する

c　油タンク，ポンプ，圧力調整弁，各種機器の接続配管などから油漏れがないか調べる

d　スライドのガイド部分などに給油が正常に行われているか調べる

図 25　油量をレベルゲージで確認する

(2) 動力伝達関係

a　油タンク，ポンプ，配管，ホースなどの接続部などにき裂，損傷などがないか調べる

(3) 液圧プレスの本体

a　フレーム，ボルスターなどにき裂，損傷，変形などがないか調べる

b　スライドの上型取り付け部に変形などの異常がないか調べる

(4) 覆い類

a　液圧プレスのフートスイッチには覆いが取り付けられているか調べる

(5) 一行程一停止機構，急停止機構，非常停止装置，自重落下防止装置

a　押しボタンを押し続け，またフートスイッチを踏み続けても確実に一行程で上死点に停止することを確認する

b　急停止機構の場合，寸動および安全一行程でスライドが下降中に押しボタンから手を離してスライドが急停止するか調べる

c　急停止機構の場合，一行程または連続運転でスライドが下降中に非常停止ボタンを押してスライドが急停止するか調べる

d　スライドが上限に停止した状態から自重により落下してこないか確認する

(6) 電気関係

a　操作盤などの配線に損傷がないか調べる

b　モーターの電流計が正常であるか調べる

(7) 空気圧関係

a　空気圧を使用している液圧プレス機械は，空気圧計により所定の圧力になっているか調べる

コラム2

毎日の作業の前に…チェックリストを活用しましょう

安全に作業をするために，必要な服装や体調など基本的な項目をまとめました。毎日の作業前にご活用ください。

	チェック項目	自己チェック（○，△，×）
1	体調は良好ですか？	
2	長そでのそで口のボタンを留めていますか？	
3	上着の裾はズボンの中に入れていますか？	
4	安全靴を履いていますか？	
5	作業によって，保護めがね，きれいな手袋を着用していますか？（油で汚れた手袋は使用しないこと）	
6	決められた作業手順を覚え，そのとおりに作業していますか？	
7	刃物やドライバー，ドリルなどをポケットに入れていませんか？	
8	使用する機械や工具，扱う部材の危険性や有害性を理解していますか？	
9	作業する周囲は，切りくずなどが片付けられ，完成品を置くスペースが確保されていますか？	
10	不安定や無理な姿勢・動作で作業をしていませんか？	
11	椅子に座って作業するときは，安定した椅子で適当な高さになっていますか？	
12	足踏み操作による作業のとき，ペダルは材料送給時の立ち位置より少し離れたところにありますか？	
13	動いている機械や安全カバーのすきまから手をいれてはいけないことを知っていますか？	
14	作業や作業場所の危険なポイントや禁止事項は把握しましたか？	
15	トラブル時の３原則（止める・呼ぶ・待つ）は覚えましたか？	
16	スピードについていけない・不慣れでできない作業はありませんか？	
17	仕事中にわからないことがあったとき，勤務先の誰に聞けばよいか，わかりますか？	
18	仕事中や通勤中にけがをしたとき，勤務先及び○○（派遣元）への連絡方法は知っていますか？	

『未熟練労働者に対する安全衛生教育マニュアル』（厚生労働省）を改編

3 安全装置等の点検

(1) 安全囲い

a 破損などがないか調べる

b しっかり取り付けられているか調べる

c 開口部分が大き過ぎないか調べる

(2) 安全装置

① インターロックガード式安全装置

a 各部に損傷がないか調べる

b 各部が確実に取り付けられているか調べる

c ガードが閉まっていないときスライドが作動しないか調べる（**図26**）

d ガードが危険範囲を囲っているか調べる

e 表示ランプ，スイッチなどに異常がないか調べる

② 両手操作式安全装置

a 各部が確実に取り付けられているか調べる

b ボタンおよび保護リングに損傷がないか調べる

図26 ガードが閉まっていない時スライドが作動しないか調べる

（スライドを見やすくするため安全囲いを小さくしています）

c　押しボタンにゴミなどの付着物がないか調べる
d　安全距離以上離されているか調べる
e　表示ランプ，スイッチなどに異常がないか調べる
f　確実に作動するか（両手で押さなければ作動しないこと，途中で手を離したとき急停止することなど）を調べる（図 27）

③　光線式安全装置

a　各部に損傷がないか調べる
b　各部が確実に取り付けられているか調べる
c　投光器，受光器に汚れがないか調べる
d　安全距離以上離されているか調べる
e　取り付け位置の高さが適当か調べる
f　表示ランプ，スイッチなどに異常がないか調べる
g　確実に作動するか（スライドが下降中に光線を遮断したとき急停止すること，遮断をやめたとき再起動しなければスライドが作動しないことなど）を調べる（図 28）

図 27　手を離すと急停止することなどを確認する

図 28　光線を遮断すると急停止することを確認する

（安全装置を見やすくするため安全囲いを省略しています）

④　制御機能付き光線式（PSDI）安全装置

前頁③の項目を調べるほか，

a　側面ガード，下面ガード，後面ガードの取付状態を確認する

b　ガードのインターロックスイッチが取り付けられている場合には動作を確認する

c　上昇無効回路の開始点を確認する

⑤　プレスブレーキ用レーザー安全装置

a　スライドを下降させて低閉じ速度との切替え点を確認する

b　プレスブレーキの慣性下降値が所定の範囲であることを確認する

c　レーザービームを遮光してスライドが急停止するか確認する

d　各部の取付状態を確認する

⑥　手引き式安全装置

a　各部に損傷がないか調べる

b　各部が確実に取り付けられているか調べる

c　手引き量が適正か調べる（**図 29**）

d　円滑に作動するか調べる

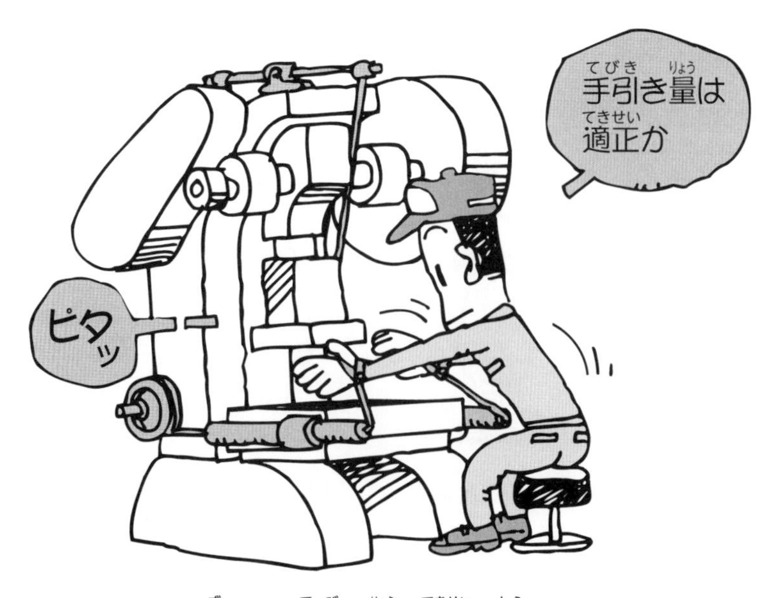

図 29　手引き量が適正か調べる

⑶ 安全プレス

安全プレスの安全機構については，『⑵安全装置』（P.56）に準じて点検します。

⑷ 自動化装置

a　シュートなどの位置が適正か調べる

b　自動送給装置について作動が円滑か調べる

4 金型等

プレス機械への金型の取り付けや取り外しは，プレス機械作業主任者の指揮により，所定の教育を受けたものが行いますが，実際の作業を始める前に，点検し確認しましょう。

① 金型点検

a　金型に破損，変形などがないか調べる

② 金型の取り付け状態の確認

a　スライドと上型との取り付け状態，下型とボルスターとの取り付け状態（すき間やずれ，取り付けボルトの緩みなど）が適正か調べる（**図 30**）

③ 金型の潤滑，給油およびエアー源の点検

a　金型のスライド部分，ポストとブッシュなど潤滑油の必要とされる部分

図 30　取り付け状態が適正か調べる

への給油状態が適正か調べる

b　エアーを製品の吹き飛ばしなどに使用している場合は，エアーが供給されているか確認する

④　金型の噛み合いの点検

a　材料を金型に供給しない状態で，フリクションクラッチの場合はプレスを寸動運転で，金型の上型と下型の噛み合いを数回確認する（**図31**）。ポジティブクラッチの場合は手回しで確認する。

図31　金型の噛み合いを確認する

第5章

プレス機械による作業

1 安全作業の一般的注意事項

安全な作業をするためには，まず何をどのように作業するかを理解することが大切です。指示された作業計画，作業標準，作業手順について十分に理解してから作業を開始しましょう。疑問点は責任者によく確認してください。

安全に作業をするための一般的な注意事項は次のとおりです。

(1) 作業態度と心構え

a　体調を良好にして作業する

身体の調子が悪かったり，疲れがあるときは無理せず，責任者に申し出て指示を受ける。

b　定められた作業手順により作業する

定められた以外の方法で作業してはならない。特に安全装置を外したり無効にしたりして作業をしてはならない（図 32）。

c　慣れによるケガに気をつける

軽はずみな動作や強引な動作はしてはならない。

d　職場内を走ったり，よそ見をして歩かない

つまずいたり，転んだりして物や人にぶつかりケガをしないように気を

図 32　安全装置を外さない

つける。

e　作業中みだりに他の作業者に話しかけたりしない

f　仕事に集中して作業する

　よそ見をしたり，おしゃべりしながら作業はしない。

g　機械，工具類，材料類は大切に取り扱う

　機械周辺の工具類，材料や製品は常に整理する。工具類や材料などは落下したり離したりしないよう安定させて置くようにする。床面にこぼれた油はただちに拭き取っておく。

⑵　**服装**

a　服装は身体にピッタリなものにする（**図 33 上**）

　長袖の場合は袖口を締め，上着の裾はズボンの中に入れる。

b　着用を指示された保護帽などの保護具は必ず正しく着用する

c　安全靴（靴下も）を履く

d　刃物やドライバー，ドリルなどをポケットに入れて作業しない

e　作業中はできるだけ皮膚を露出しない

f　タオルや手ぬぐいを首に巻くことや，マフラー，ネクタイなど巻き込まれるおそれのある物は着用しない

⑶　**作業配置**

a　加工する材料の供給，加工された製品およびスクラップの取り出しな

図 33　作業は正しい服装で！

どの作業がしやすいように，また，安全に作業が行えるよう配置する

b　作業高さ，椅子の高さ，作業スペース，照明などを安全に作業が行えるように適正な状態に調整しておく

(4)　作業姿勢

a　不自然で窮屈な姿勢をとらない

b　椅子に座って作業するときは，適当な高さの安定した椅子を使用する

c　作業点（金型の内部）が容易に見渡せる姿勢をとる

d　共同作業の場合は，お互いに見通しのできる姿勢で作業位置を定める（図 34）

e　ムリ，ムダ，ムラな動作がない

f　足踏みで作業する機械では，ペダルカバーが完全であるか確認して，足の位置はペダル位置より少し離れたところに置く

g　重い物を持ち上げたり運搬するときは，腰を下ろした姿勢から重心を身体にできるだけ近づけて持ち上げる

(5)　電気の取り扱い

a　スイッチは安全を確認したうえで入れる

b　配線が損傷したり，表示灯，スイッチが故障したときは，作業を中止し

図 34　共同作業はお互いを見通せる作業位置で

て責任者に申し出て修理を依頼する

c　勝手にスイッチボックスを開けたり，配線に触れてはいけない

d　機械から離れるときは，必ず電源を OFF にする

e　濡れた手や汗をかいた手で押しボタン操作や配線（裸線）に触れない

f　停電時は電源スイッチを切っておく

2 プレス作業における注意事項

プレス機械への材料の送給，製品の取り出し作業における注意事項は次のとおりです。

(1) 作業前の安全確認

作業を開始する前に次のことを確認しましょう。

a　金型内やボルスター上にスクラップ，工具，材料などが残されていないか（**図 35**）

b　安全装置は正しく作動するようになっているか。また，安全囲いが正しく取り付けられているか

c　作業台や材料台，製品置き台などが安全に作業が行えるように配置され

図 35　金型内やボルスター上にスクラップや工具が残されていないか確認する

(金型内を見やすくするため安全囲いを省略しています)

ているか

d　椅子や作業台の高さは適当か

e　保護具や手袋，手工具などに損傷などはないか

⑵　作業中の注意事項

① プレス作業

a　正しい作業方法を守る

必ず定められた正しい作業手順により行い，それ以外の方法で行わないこと。

b　よく考えて作業をする

慣れによる軽はずみな動作や無理な動作をしないように注意する。また，金型内に入った材料などをとっさに修正しようと金型に手を入れないこと。

c　生産する製品の外観に傷，打痕がないかを確認する

不良の多くは材料カスや異物が金型内で製品に傷をつけて発生する。また金型の焼付き，チッピング，破損などの異常により製品の出来ばえが変わってくる。良い製品ができないということは何らかの異常があるということで，それは危険につながる可能性があるので注意すること。

d　材料を金型の正しい位置にセットする

二次加工の場合は材料の裏表，左右，前後を確認して，材料を金型の外形定規に確実にセットし，位置ずれしないようにして加工すること。位置がずれていると不良品を作るとともに金型を破損させることになる。また半欠けや抜き屑を金型に残していると金型の破損が発生する。

e　二枚打ちに注意

前の製品が残っていたり，誤って材料を２枚セットして加工すると二枚打ちとなり金型破損の原因になる。材料は，正しく１枚ずつ供給するようにすること。

f　一行程一停止機構

連続行程で行う場合を除き，必ず一行程一停止機構を機能させて行うこと。また，足踏み操作のときは１ストロークごとに足踏みスイッチから足を外すようにすること。

g　製品などの取り出し

　金型にくっついた製品や抜きカス，ゴミなどは，非常停止ボタンを押して確実に停止させてから取り出すこと。

h　安全装置等の使用

　安全装置は必ず使用すること。光線式の光線の上下，左右から手を入れないようにすること。安全囲いは勝手に取り外したり，位置を変えたりしないこと。

② 手工具による作業

　手作業が避けられない場合に，材料を手で持って金型内に入れる代わりに手工具を使って持つようにすることは，安全対策の１つの方法です。手工具の種類は一般的に**図 36** の５つに分けられます。

a　マグネット工具類（磁石により材料を保持する）

b　真空カップ類（ゴム製のカップで吸着して保持する）

c　プライヤ類

d　かぎ棒，押し棒類

e　ピンセット類

　これらは製品を手でつかむ代わりに手工具で引っかけたり，吸着させたり，つかんだりするものです。作業手順として手工具の使用が定められているとき

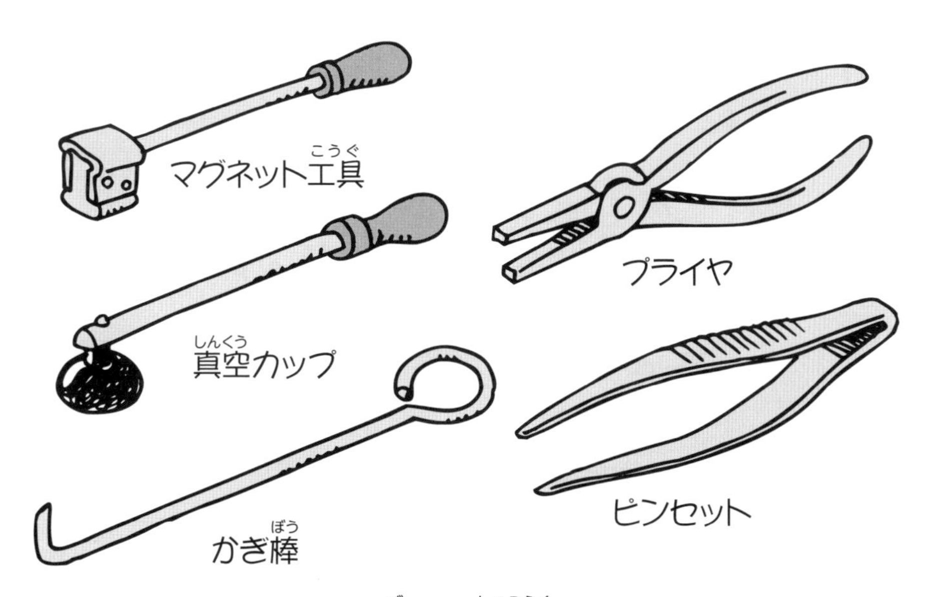

図 36　手工具

は，必ず定められた手工具を使用しましょう。

また，手工具は，必要な機能を発揮できる状態になっているか，よく点検してから使用しましょう。

なお，手工具は，必要な教育を受け使用方法，管理について十分理解してから使用しましょう。

あわせて，手工具の使用には以下の条件が必要です。

a　専用の手工具を両手で使用し，材料の送給または製品の取出しを行うこと。

b　専用の手工具を片手で使用する場合は，他方の手に対して囲いなどが設けられていること。

③　共同作業

a　共同作業の場合，お互いが確認できる配置で作業する

2人以上の共同作業の場合，常に他の作業者の動作を確認し，作業者全員がボタンを押して安全一行程により作業ができるようにする。

b　共同作業中の連絡合図を確実にする

お互いの呼吸を合わせて動作できるように連絡合図を常に行うこと（**図37**）。

c　点検，修理中の起動はお互いの安全を確認してから行う

図37　連絡・合図を常に行う

共同作業により点検，修理を行っているときにプレスを動かす場合は，機械操作をする者以外は，機械より一歩以上離れること。また機械操作をする者は全員が待避していること，金型内やその近くに人がいないことを確認してから起動すること。

④　材料，製品の取り扱い

a　材料や製品は必要以上に高く積み上げず，落下防止のために数量と配置を決めて整然と安定的に正しく置くようにする

b　材料や製品を立て掛けたり不安定な置き方はしない

c　材料や製品を持つときは重心の位置を考えて安定するように持つ。また縁の部分は鋭くなっているので切り傷に注意すること

⑤　抜き屑，スクラップの処理

a　抜き屑，スクラップの切断面は鋭利にとがっており，またかさばって危険なので，作業中に散乱したスクラップは適宜除去し清掃する

b　流れ出た油類はただちにふきとっておく

⑥　作業中断時の措置

プレス作業中に打ち合わせなどで機械から離れるときは，必ずモーター起動ボタンをオフにして，機械を停止させておくこと（図 38）。再開するときは，制御盤の行程の切替えスイッチなどの位置が正しいか確認してから起動ボタン

図 38　機械から離れる時は必ず起動ボタンをオフにする

をオンにしましょう。

(3) 作業後の処理

① プレス機械の停止

その日の作業が終了したら，モーター起動ボタンをオフにして，プレス機械を停止します。電源も切っておきます。

② プレス機械の清掃

金型やプレス機械の清掃をします。特に周辺に散乱したスクラップや流れ出た油類などをよく清掃してください。

③ 材料や製品，工具類の保管

材料や製品は決められた場所に保管し，使用した工具類は元の位置，または決められた保管場所に戻します。保管によってさびの発生が考えられるものはさび防止の処置をしておきます。

3 プレス作業において発生する異常

プレス作業においては，機械の故障などの異常が生じることがあります。異常が生じたときはただちに作業を中止し，一人で処理せず，必ず責任者に報告してその指示を受けるようにしましょう（**図 39**）。

プレス作業で発生する異常には次のようなものがあります。

(1) プレス機械の異常

① 電気関係の異常，油・空圧の異常

プレス機械の電気関係の異常，油・空圧の異常などにより表示ランプが点灯するときがあります。

② オーバーラン

プレス機械のブレーキ性能が低下するとオーバーラン監視装置が作動するときがあります。

③ 二度落ち

クラッチやブレーキの故障によりスライドが上死点の位置で止まらず行き過ぎたり，二度落ちするときがあります。非常に危ないのでただちに作業を中止しましょう。

図 39　異常が生じた時は作業を中止し，一人で処理せず，責任者に報告し指示を受ける

④　過負荷・スティック

加工中にスライドが下死点で動かなくなったり，過負荷でスライドが停止するときがあります。ただちに非常停止ボタンを押し，モーターのスイッチを切りましょう。

⑤　ポジティブクラッチの異常音

ポジティブクラッチを備えた機械では，カチカチという異常音がすることがあります。この異常音はこのクラッチ特有の「ノッキング」という現象で，クラッチピンが引っ掛かって発生します。そのまま使用すると二度落ちする危険があり，できるだけ早く修理することが必要です。

図 40　抜きカスが正常に落ちているか注意する

(金型内を見やすくするため，安全囲いを省略しています)

(2)　金型

①　焼付き

金型の心ずれや油切れが主な原因となって製品に傷がついたり，金型にくっついて取り出せなくなることがあります。

②　カス詰まり

金型（下型）の穴の抜きカスが外に落ち

ずに金型（下型）の中に残って詰まり，パンチ打ち抜き音が重苦しく変わってくることがあります。そのまま作業していると金型（下型）が破損することがあります。作業中，抜きカスが正常に落ちているか注意する必要があります。

③　カス上がり

金型（下型）の穴の抜きカスが金型（下型）から上がって金型表面について傷をつけることがあります。

④　パイロットピンの引き込み，抜け，変形

パイロットピンは固定式のものとばねにより上下するものがありますが，材料の位置がずれたまま加工したり，二枚打ちをしたりするとパイロットピンが引っ込んだままになったり，変形してパイロットの役目を果たさなくなることがあります。

［＊パイロットピン…あらかじめパンチまたはドリルであけられた穴に挿入し，材料の位置決めに使うピン］

⑤　パンチの抜け，欠け，折れ

二枚打ちや半抜きをするとパンチが曲がったり，折れたりすることがあり製品に異常が出ます。

［＊パンチ…穴を打ち抜くためのもの］

⑥　外形定規のつぶれ，ガタ，緩み

外形定規にきちっとはめられず位置ずれしたまま加工すると，外形定規がつぶされたり，ガタや緩みが出て正確な位置決めができなくなります

［＊外形定規…送給した材料の位置決めを行うためのガイドとなる治具］

⑦　ストリッパー，ノックアウト用のばねのへたりや折れ

長時間使用するとばねのへたりや折れが起こります。製品のストリッピングやノックアウトがスムーズにいかなくなります。

［＊ストリッパー…パンチから材料，製品を除去するはね出し装置］

［＊ノックアウト…材料，製品をつき落として金型から除去する装置］

⑧　ストリッパーボルトの緩み，傾き，折れ

ねじが緩んだり，ボルトの頭が飛んだり，ねじ山の付け根で折れて，ストリッパープレートが傾くことがあります。

［＊ストリッパーボルト…ストリッパーをとめるボルト］

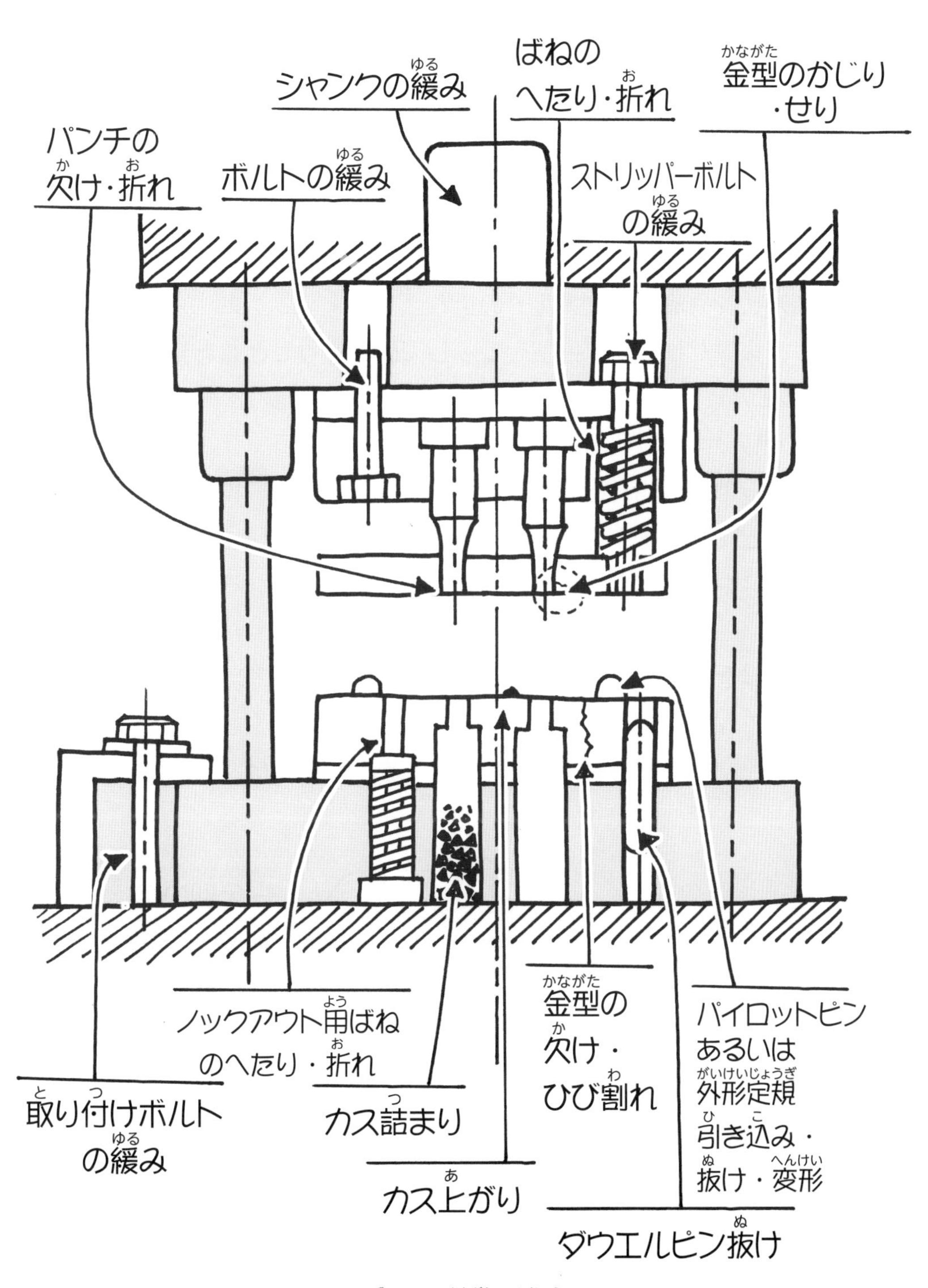
シャンクの緩み
ばねのへたり・折れ
金型のかじり・せり
パンチの欠け・折れ
ボルトの緩み
ストリッパーボルトの緩み
ノックアウト用ばねのへたり・折れ
金型の欠け・ひび割れ
パイロットピンあるいは外形定規引き込み・抜け・変形
取り付けボルトの緩み
カス詰まり
カス上がり
ダウエルピン抜け

図41 金型の異常

⑨　金型の欠け，ひび割れ，つぶれ

誤って厚い板を加工したり，二枚打ちをしたりなどのプレス作業上のミス，あるいは金型の取り付け方法の不良により起こります。

⑩　シャンクの緩み

シャンクが緩むと上型全体がシャンクを中心に回転することになるので，シャンクを使用する場合には緩みに十分注意してください。

［＊シャンク…金型（上型）を締め付けて固定するために使用する部分］

⑪　ダウエルピンや締め付けボルトの折れ，抜け

折れたり，抜けたりして，金型をつぶして破壊することもあります。

［＊ダウエルピン…金型を正しい位置にしておくピン］

⑫　金型のかじり，滑合型部品のせり

金型のかじりは，上型と下型の心ずれが原因ですが，二枚打ちや半抜き，位置ずれ加工などでパンチが曲がったり，下型が変形したときにも起こります。細かい抜きカスやゴミが滑合部にかみ込んで動きにくくなることがあります。

(3)　安全囲い

打ち抜き作業などで強い振動を受けたり，金型交換の際に工具などを誤ってぶつけたりして，安全囲いが変形，損傷し，機能が損なわれることがあります。

修理，調整，交換などの処理の必要がある変形，損傷は，次のようなものが

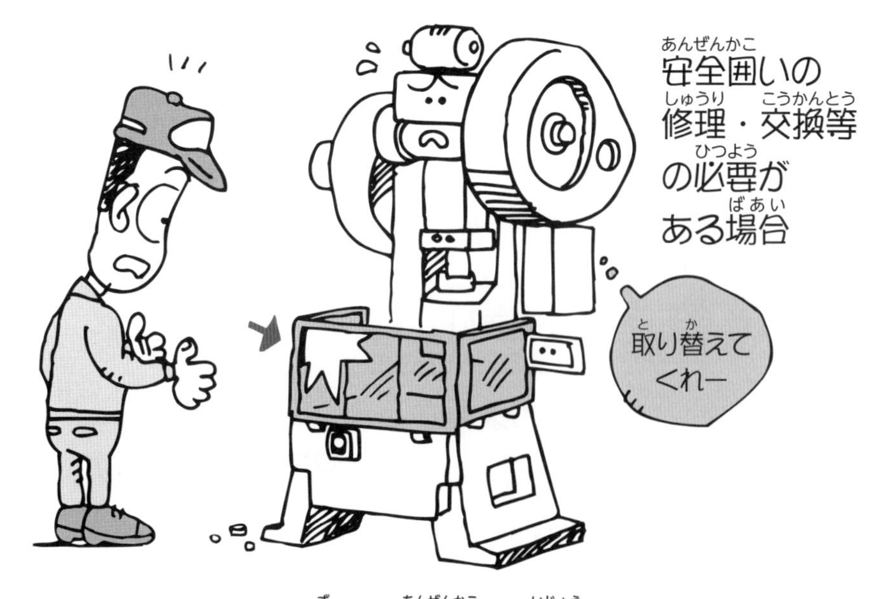

図42　安全囲いの異常

あります（図 42）。

a　開口部の拡大

b　丸棒材の曲がりまたは折れによるすき間の拡大

c　金網の破損による金網の拡大またはたるみ

d　穴あき板などの曲がり

e　透明プラスチック板の割れまたは汚れ

f　支持部材の曲がりまたは破損

g　溶接部の割れ

h　リベット，締め付け金具などの緩みまたは破損

i　ボルト，ナットなどの脱落または緩み

j　その他の部品の摩耗，破損または脱落

安全囲いは確実に使用されるようインターロック機構が設けられているものがありますが，これには次のような故障が生じることがあります。

a　電気的インターロック機構が確実に作動しないときは，リミットスイッチの交換などの修理が必要です

b　機械的インターロック機構が確実に作動しないとき，摩耗，破損，へたりなどがあるときは，修理，交換などが必要です

[＊インターロック…危険な状態では機械が運転できないよう電気的あるいは機械的に関連づけを行うもの。例えば囲いの扉部分にスイッチを設け，扉が開いているときはプレスが作動しないような電気回路とするもの]

(4)　安全装置

安全装置の異常を発見したときはただちにプレス機械を停止させ，責任者に報告し指示を受けましょう。2 種類の安全装置を併用している場合で一方の安全装置だけに異常があった場合も同様です。

安全装置はその使用条件，使用期間，使用頻度，作業環境などによりさまざまな異常が発生することがありますが，一般的な異常とその原因は次のとおりです（図 43）。

①　インターロックガード式安全装置

a　ガードの動きとプレスの動きが連動しない

ガード閉鎖用リミットスイッチや回転カムの位置がずれている。

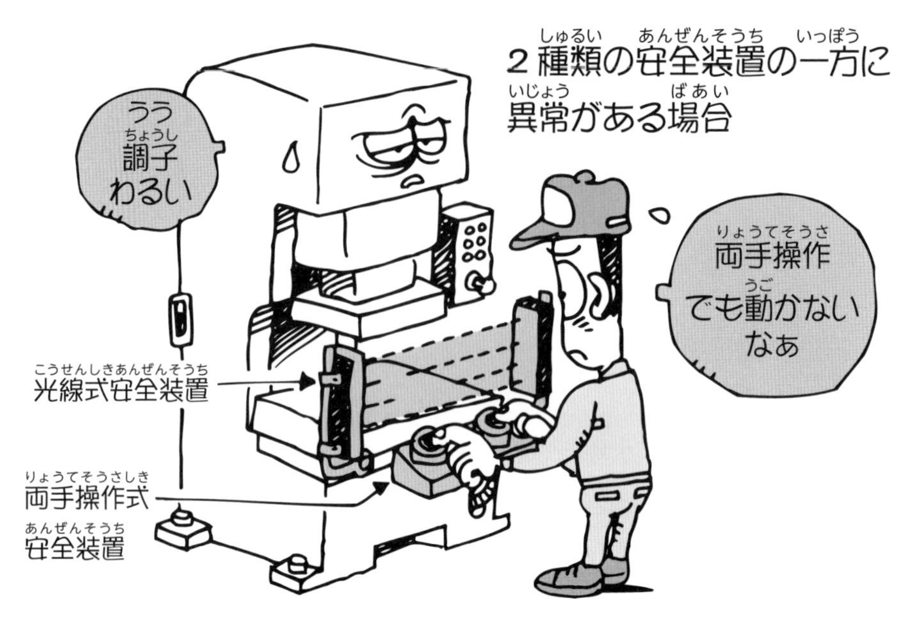

図43　安全装置の異常
(安全装置を見やすくするため安全囲いを省略しています)

b　操作スイッチを押してもガードが起動しない

押しボタンスイッチ，切替えスイッチ，リレー，内部配線が不良である。あるいは操作シリンダーやフィルター，レギュレーター，オイラーが不良である。

② 両手操作式安全装置

a　両手操作ボタンを押してもプレス機械が動かない

押しボタンスイッチ，切替えスイッチ，リレーなどの電気部品が断線，短絡している。ボルト，ナット，カム，レバー，ワイヤーなどの機械部品が破損している。シリンダー，電磁弁，フィルターなど空圧系統の部品が破損している。

b　所定の上死点位置で止まらない

上死点位置用カムがずれている。ブレーキが劣化している。

③ 光線式安全装置

a　プレス機械が作動しない（安全装置に異常があると作動しない)。センサー部分かコントロールボックスが故障している。

(イ) コントロールボックスの場合：リレー，リミットスイッチ，ヒューズ，プリント基板などに配線不良や部品の破損がある。

(ロ) センサー部品の場合：光軸がずれている。プリント基板などに配線不良や部品の破損がある。

④ 制御機能付き光線式（PSDI）安全装置

上記③のほか，

a 側面・下面・後面ガードの取付状態の不良。

⑤ 手引き式安全装置

a 正常に作動しない

各部の取り付け不良，ボルト・ナットの緩み，ワイヤーロープの切断，機械部品の破損などがある。

図 44　手引きひも等の異常

◎手引きひも，ナスカン（接合金具）など接続部分の異常の場合は交換する必要があります（図 44）。

(5) 自動化作業における異常

自動化された作業における異常としては，

① 材料の送り込みミス
② 製品の送りミス
③ 製品の取り出しミス
④ 製品やスクラップの詰まり，落下
⑤ センサーの異常検知による停止（材料の位置がずれていたときなど）
⑥ 光線式安全装置の作動

などがあります（図 45）。

異常に対する処理に当たっては，次のことに注意しましょう。

a 異常を発見したら，ただちに機械を停止する

図 45　自動化作業での異常

自動作業中に製品が飛び出したり，異物を発見して思わず手を出すようなことをしてはならない。必ず機械を停止してから処置をすること。

b　センサーで自動停止したときは停止の原因を確認する

ミスフィード検出，材料末端検出あるいはエアー圧低下での停止など自動停止したときは，その停止した原因を確認してから定められた作業手順に従って適切な処理をすること。原因が不明のとき，処理方法が明確でないときは責任者に報告し，その指示を受けること。センサーあるいは安全装置が働いて，しばしば停止するからといって安全装置の電源を切ったり，外してはならない。

c　自動作業中の機械に触れてはならない

運転中の機械に寄り掛かったり，運転中に落下したスクラップの除去や機械の清掃，給油をしてはならない。必ず機械を停止して行うこと。動いているときに危険範囲に手を入れることは決してしてはならない（**図46**）。

d　異常処置後の安全確認

プレスを再起動するときは，金型の中に異物，スクラップ，工具などが残っていないか確認する。寸動操作により機械の動作が正常であるかを確認してから自動運転に入ること。

図46　自動作業中の機械に触れてはならない

（内部を見やすくするため安全装置を省略しています）

 作業環境の整備

「安全は，まず作業環境の整備から」とか「安全は整理整頓に始まり，整理整頓に終わる」といわれるほど作業環境の整備は重要です。

図 47　整理整頓

(1)　整理整頓の原則

a　すべてのものについて適切な置き場所と置き方を定めること（図 47）

b　不要なものは職場から取り除くこと

c　作業工程を考慮して材料や製品の置き場所を決めること

d　整理整頓は日常的に行い，習慣化すること

(2)　整理整頓の方法

a　作業床面は，いつも平坦にしておくこと。こぼれた水や油はすぐにふき取ること

b　床面に落ちたスクラップなどは拾って所定の位置にまとめておくこと

c　機械類はよく手入れをし，ほこりや不要な油は取り除くこと

d　機械のそばに材料や製品を高く積み上げないこと

e　使い終わった工具類はすぐに所定の場所にもどすこと

f　通路には材料や製品を置かないこと

g　油きれなどは放置しないでただちに回収箱へ収めること

(3)　職場の照明

a　職場に合った適当な明るさであること

b　明るさに大きなむらがないこと

c　まぶしくないこと

第6章（だいしょう）

災害事例（さいがいじれい）

事例1

業種：その他の製造業
被害：左手4指切断　休業4週間（見込み）

●発生状況

製缶部品プレス工場において，350kN 機械プレス（ポジティブクラッチ式）に取り付けてあった缶蓋金型の調子が悪いため，安全カバーを除去して調整していた。調整後，試し打ちをするために動力を入れて1個目を抜き，2個目を抜こうとしたときに受傷した。

被災者は，右手でスイッチを操作しながら，左手で材料を保持して作業を行っていた。

モーターは寸動していたらしく，事故のときには型が下がった状態で停止していた。

発生原因

左手で材料を保持し，右手でスイッチの操作をしていたため，スイッチ操作に気を取られて左手が不注意になっていた。

図48　左手で材料を保持していたために…

事例2

業種：金属プレス加工業
被害：右親指解放骨折　休業２カ月（見込み）

●発生状況

400kN シングルクランクプレス（ポジティブクラッチ式）を使用し，自動車部品（クランプ）の曲げ作業を行うための準備をした。その際，作業を容易にするために両手押しボタン式スイッチの右ボタン上に加工物を入れた箱を置き，片手で操作できるようにした。

最初の加工物を右手により下型内に挿入時，使用している椅子の位置を直そうと座ったまま椅子を揺すったときに，左手で左ボタンを押してしまい，受傷した。

発生原因

(1)　両手押しボタン操作を受傷者自身が片手操作にした。
(2)　作業者全員に対し安全作業の教育が不徹底であった。

事例3

業種：製造業
被害：左手示，中，環指第２関節より切断

●発生状況

1,100kN 機械プレス（エアークラッチ式）で作業者Ａがカセットコンロバーナーの縁切り作業に従事していた。前工程の作業者Ｂ（被災者）が，必要がないにもかかわらず，自分の作業を中断して，作業者Ａの機械の横に立ち，加工物を下型内に挿入する共同作業を数回繰り返していた。

作業者Bが金型の間に手を入れたとき，作業者Aが両手押しボタンを押してしまった。Aは慌てて両手押しボタンから手を離し，スライドは下死点直前で停止した。このため，作業者Bの左手は押圧され，3指が切断された。

両者は3日前にも同様の方法で作業をしていたため，プレス機械作業主任者より災害防止のためにも単独作業で行うようにとの注意を受けていた。

発生原因

(1) 単独作業を指示されていたにもかかわらず，両者とも忘れており不安全な行動をとったこと

(2) 災害発生時間（午後2時30分ごろ）からみて，やや気だるさを覚え注意力も散漫になっており会話しながら作業を行っていたこと

(3) 管理・監督者は3日前に両作業者の不安全行動に対して注意はしているが，カバーなどによる立入禁止などの措置は取っていなかった

（“災害事例から考える機械災害防止対策”「安全」1995.12月号より）

図49　禁じられた共同作業を行ったために…

第7章

プレス作業の関係法令

編注：すべての条項に，編者によるルビを施しています。

労働安全衛生法令とは…

国会が制定した「法律」と法律の委任を受けて内閣が制定した「政令」および厚生労働省など専門の行政機関が制定した「省令」などの命令をあわせて一般に「法令」とよんでいます。

法律	労働安全衛生法	国会の両院議決を経て制定
政令	労働安全衛生法施行令	法律の実施に必要な規則や法律が委任する事項について，内閣が制定する命令。 法の各条項における規定の適用範囲，用語の定義などを定めている。
省令	労働安全衛生規則	法律もしくは政令を施行するため，大臣が発する命令。 厚生労働省令：厚生労働大臣が定める命令。
	特別規則	（特定の設備や特定の業務等を行う事業場だけに適用） 例：クレーン等安全規則　など。

こうした法令とともに，さらに詳細な事項について，具体的に定め，国民に知らせるために「告示」あるいは「公示」として示されることがあります。

さらに，法令や告示・公示に対して，厚生労働省労働基準局長や都道府県労働局長等に発出するように，上級の行政機関から下級の行政機関に対し，法令の内容の解釈や，指示を与えるために発する通知を「通達」といい，一般に「行政通達」とよばれています。

告示	法令（法律，政令，省令についてさらに詳細な事項を具体的に定めて一般に示すもの。法令を実行するための基準等であることから法令を構成する一部と考えられる。	（例） ●動力プレス機械構造規格 ●プレス機械又はシャーの安全装置構造規格　など
通達	厚生労働省労働基準局等が都道府県の労働局等に対して所掌業務について示達するために発する公文書。	（例） ●労働安全衛生規則の一部を改正する省令の施行等について　など
指針	法律および諸規則に規定されている事項の適正な運用，より望ましい方策等について，公示または告示として厚生労働大臣等が公表するもの。	（例） ●機械の包括的な安全基準に関する指針　など

労働安全衛生法

(昭和47年法律第57号)

(目的)

第1条 この法律は，労働基準法（昭和22年法律第49号）と相まつて，労働災害の防止のための危害防止基準の確立，責任体制の明確化及び自主的活動の促進の措置を講ずる等その防止に関する総合的計画的な対策を推進することにより職場における労働者の安全と健康を確保するとともに，快適な職場環境の形成を促進することを目的とする。

(定義)

第2条 この法律において，次の各号に掲げる用語の意義は，それぞれ当該各号に定めるところによる。

1 労働災害 労働者の就業に係る建設物，設備，原材料，ガス，蒸気，粉じん等により，又は作業行動その他業務に起因して，労働者が負傷し，疾病にかかり，又は死亡することをいう。

2 労働者 労働基準法第9条に規定する労働者（同居の親族のみを使用する事業又は事務所に使用される者及び家事使用人を除く。）をいう。

3 事業者 事業を行う者で，労働者を使用するものをいう。

(第3項の2，第4項 略)

(事業者等の責務)

第3条 事業者は，単にこの法律で定める労働災害の防止のための最低基準を守るだけでなく，快適な職場環境の実現と労働条件の改善を通じて職場における労働者の安全と健康を確保するようにしなければならない。また，事業者は，国が実施する労働災害の防止に関する施策に協力するようにしなければならない。

② 機械，器具その他の設備を設計し，製造し，若しくは輸入する者，原材料を製造し，若しくは輸入する者又は建設物を建設し，若しくは設計する者は，これらの物の設計，製造，輸入又は建設に際して，これらの物が使用されることによる労働災害の発生の防止に資するように努めなければならない。

③　建設工事の注文者等仕事を他人に請け負わせる者は，施工方法，工期等について，安全で衛生的な作業の遂行をそこなうおそれのある条件を附さないように配慮しなければならない。

第4条　労働者は，労働災害を防止するため必要な事項を守るほか，事業者その他の関係者が実施する労働災害の防止に関する措置に協力するように努めなければならない。

（作業主任者）

第14条　事業者は，高圧室内作業その他の労働災害を防止するための管理を必要とする作業で，政令で定めるものについては，都道府県労働局長の免許を受けた者又は都道府県労働局長の登録を受けた者が行う技能講習を修了した者のうちから，厚生労働省令で定めるところにより，当該作業の区分に応じて，作業主任者を選任し，その者に当該作業に従事する労働者の指揮その他の厚生労働省令で定める事項を行わせなければならない。

労働安全衛生法施行令

（昭和47年政令第38号）

（作業主任者を選任すべき作業）

第6条　法第14条の政令で定める作業は，次のとおりとする。

（第1号～第6号　略）

7　動力により駆動されるプレス機械を5台以上有する事業場において行う当該機械による作業

（第8号～第23号　略）

労働安全衛生規則

（昭和47年労働省令第32号）

（作業主任者の職務の分担）

第17条　事業者は，別表第1の上欄に掲げる一の作業を同一の場所で行なう場合において，当該作業に係る作業主任者を2人以上選任したときは，それぞれの作業主任者の職務の分担を定めなければならない。

（作業主任者の氏名等の周知）

第18条　事業者は，作業主任者を選任したときは，当該作業主任者の氏名及びその者に行なわせる事項を作業場の見やすい箇所に掲示する等により関係労働者に周知させなければならない。

（プレス機械作業主任者の選任）

第133条　事業者は，令第6条第7号の作業については，プレス機械作業主任者技能講習を修了した者のうちから，プレス機械作業主任者を選任しなければならない。

（プレス機械作業主任者の職務）

第134条　事業者は，プレス機械作業主任者に，次の事項を行なわせなければならない。

1　プレス機械及びその安全装置を点検すること。

2　プレス機械及びその安全装置に異常を認めたときは，直ちに必要な措置をとること。

3　プレス機械及びその安全装置に切替えキースイッチを設けたときは，当該キーを保管すること。

4　金型の取付け，取りはずし及び調整の作業を直接指揮すること。

解説

第2号の「必要な措置」とは，その緊急度に応じて，プレス機械の使用を停止したり，使用者に報告することなどをいいます。

労働安全衛生法

（事業者の講ずべき措置等）

第20条　事業者は，次の危険を防止するため必要な措置を講じなければならない。

1　機械，器具その他の設備（以下「機械等」という。）による危険

2　爆発性の物，発火性の物，引火性の物等による危険

3　電気，熱その他のエネルギーによる危険

第26条　労働者は，事業者が第20条から第25条まで及び前条第1項の規定に基づき講ずる措置に応じて，必要な事項を守らなければならない。

（事業者の行うべき調査等）

第28条の2　事業者は，厚生労働省令で定めるところにより，建設物，設備，原材料，ガス，蒸気，粉じん等による，又は作業行動その他業務に起因する危険性又は有害性等（第57条第1項の政令で定める物及び第57条の2第1項に規定する通知対象物による危険性又は有害性等を除く。）を調査し，その結果に基づいて，この法律又はこれに基づく命令の規定による措置を講ずるほか，労働者の危険又は健康障害を防止するため必要な措置を講ずるように努めなければならない。ただし，当該調査のうち，化学物質，化学物質を含有する製剤その他の物で労働者の危険又は健康障害を生ずるおそれのあるものに係るもの以外のものについては，製造業その他厚生労働省令で定める業種に属する事業者に限る。

（第2項，第3項　略）

労働安全衛生規則

（危険性又は有害性等の調査）

第24条の11　法第28条の2第1項の危険性又は有害性等の調査は，次に掲げる時期に行うものとする。

1　建設物を設置し，移転し，変更し，又は解体するとき。

2　設備，原材料等を新規に採用し，又は変更するとき。

3　作業方法又は作業手順を新規に採用し，又は変更するとき。

4　前三号に掲げるもののほか，建設物，設備，原材料，ガス，蒸気，粉じん等による，又は作業行動その他業務に起因する危険性又は有害性等について変化が生じ，又は生ずるおそれがあるとき。

（第2項　略）

（安全装置等の有効保持）

第28条　事業者は，法及びこれに基づく命令により設けた安全装置，覆い，

囲い等（以下「安全装置等」という。）が有効な状態で使用されるようそれらの点検及び整備を行なわなければならない。

第29条　労働者は，安全装置等について，次の事項を守らなければならない。

1　安全装置等を取りはずし，又はその機能を失わせないこと。

2　臨時に安全装置等を取りはずし，又はその機能を失わせる必要があるときは，あらかじめ，事業者の許可を受けること。

3　前号の許可を受けて安全装置等を取りはずし，又はその機能を失わせたときは，その必要がなくなつた後，直ちにこれを原状に復しておくこと。

4　安全装置等が取りはずされ，又はその機能を失つたことを発見したときは，すみやかに，その旨を事業者に申し出ること。

②　事業者は，労働者から前項第４号の規定による申出があつたときは，すみやかに，適当な措置を講じなければならない。

（原動機，回転軸等による危険の防止）

第101条　事業者は，機械の原動機，回転軸，歯車，プーリー，ベルト等の労働者に危険を及ぼすおそれのある部分には，覆い，囲い，スリーブ，踏切橋等を設けなければならない。

②〜⑤　略

（運転開始の合図）

第104条　事業者は，機械の運転を開始する場合において，労働者に危険を及ぼすおそれのあるときは，一定の合図を定め，合図をする者を指名して，関係労働者に対し合図を行なわせなければならない。

②　労働者は，前項の合図に従わなければならない。

解　説

第１項の「関係労働者」とは，動力源に関係のある作業範囲のすべての労働者のことです。

（そうじ等の場合の運転停止等）

第107条　事業者は，機械（刃部を除く。）のそうじ，給油，検査又は修理の作業を行なう場合において，労働者に危険を及ぼすおそれのあるときは，機械の運転を停止しなければならない。ただし，機械の運転中に作業を行なわなければならない場合において，危険な箇所に覆いを設ける等の措置を講じたときは，この限りではない。

② 事業者は，前項の規定により機械の運転を停止したときは，当該機械の起動装置に錠をかけ，当該機械の起動装置に表示板を取り付ける等同項の作業に従事する労働者以外の者が当該機械を運転することを防止するための措置を講じなければならない。

解　説

第２項の「表示板を取り付ける」措置を講じる場合には，表示板の脱落や見落としのおそれがあるため，施錠装置を併用することが望ましいとされています。

（ストローク端の覆い等）

第 108 条の 2　事業者は，研削盤又はプレーナーのテーブル，シエーパーのラム等のストローク端が労働者に危険を及ぼすおそれのあるときは，覆い，囲い又は柵を設ける等当該危険を防止する措置を講じなければならない。

（プレス等による危険の防止）

第 131 条　事業者は，プレス機械及びシヤー（以下「プレス等」という。）については，安全囲いを設ける等当該プレス等を用いて作業を行う労働者の身体の一部が危険限界に入らないような措置を講じなければならない。ただし，スライド又は刃物による危険を防止するための機構を有するプレス等については，この限りでない。

② 事業者は，作業の性質上，前項の規定によることが困難なときは，当該プレス等を用いて作業を行う労働者の安全を確保するため，次に定めるところに適合する安全装置（手払い式安全装置を除く。）を取り付ける等必要な措置を講じなければならない。

1　プレス等の種類，圧力能力，毎分ストローク数及びストローク長さ並びに作業の方法に応じた性能を有するものであること。

2　両手操作式の安全装置及び感応式の安全装置にあつては，プレス等の停止性能に応じた性能を有するものであること。

3　プレスブレーキ用レーザー式安全装置にあつては，プレスブレーキのスライドの速度を毎秒 10 ミリメートル以下とすることができ，かつ，当該速度でスライドを作動させるときはスライドを作動させるための操作部を操作している間のみスライドを作動させる性能を有するものであること。

③ 前二項の措置は，行程の切替えスイッチ，操作の切替えスイッチ若しくは

操作ステーションの切替えスイッチ又は安全装置の切替えスイッチを備えるプレス等については，当該切替えスイッチが切り替えられたいかなる状態においても講じられているものでなければならない。

解説

第２項の「必要な措置」には，つぎのいずれかの措置が含まれます。
・片手では専用の手工具が使用され，もう片方の手に対して囲い等が設けられていること
・専用の手工具が両手で保持され，材料の送給や製品の取出しが行われること

（スライドの下降による危険の防止）
第131条の２　事業者は，動力プレスの金型の取付け，取外し又は調整の作業を行う場合において，当該作業に従事する労働者の身体の一部が危険限界に入るときは，スライドが不意に下降することによる労働者の危険を防止するため，当該作業に従事する労働者に安全ブロックを使用させる等の措置を講じさせなければならない。
②　前項の作業に従事する労働者は，同項の安全ブロックを使用する等の措置を講じなければならない。

（金型の調整）
第131条の３　事業者は，プレス機械の金型の調整のためスライドを作動させるときは，寸動機構を有するものにあつては寸動により，寸動機構を有するもの以外のものにあつては手回しにより行わなければならない。

（クラツチ等の機能の保持）
第132条　事業者は，プレス等のクラツチ，ブレーキその他制御のために必要な部分の機能を常に有効な状態に保持しなければならない。

（切替えキースイツチのキーの保管等）
第134条の２　事業者は，動力プレスによる作業のうち令第６条第７号の作業以外の作業を行う場合において，動力プレス及びその安全装置に切替えキースイツチを設けたときは，当該キーを保管する者を定め，その者に当該キーを保管させなければならない。

（作業開始前の点検）
第136条　事業者は，プレス等を用いて作業を行うときには，その日の作業を開始する前に，次の事項について点検を行わなければならない。

1　クラッチ及びブレーキの機能

2　クランクシヤフト，フライホイール，スライド，コネクチングロッド及びコネクチングスクリユーのボルトのゆるみの有無

3　一行程一停止機構，急停止機構及び非常停止装置の機能

4　スライド又は刃物による危険を防止するための機構の機能

5　プレス機械にあつては，金型及びボルスターの状態

6　シヤーにあつては，刃物及びテーブルの状態

（プレス等の補修）

第137条　事業者は，第134条の3若しくは第135条の自主検査又は前条の点検を行つた場合において，異常を認めたときは，補修その他の必要な措置を講じなければならない。

労働安全衛生法

（譲渡等の制限等）

第42条　特定機械等以外の機械等で，別表第2に掲げるものその他危険若しくは有害な作業を必要とするもの，危険な場所において使用するもの又は危険若しくは健康障害を防止するため使用するもののうち，政令で定めるものは，厚生労働大臣が定める規格又は安全装置を具備しなければ，譲渡し，貸与し，又は設置してはならない。

別表第2（第42条関係）

（第1号～第4号　略）

5　プレス機械又はシヤーの安全装置

（第6号～第10号　略）

11　動力により駆動されるプレス機械

（第12号～第15号　略）

労働安全衛生規則

（規格に適合した機械等の使用）

第 27 条　事業者は，法別表第 2 に掲げる機械等及び令第 13 条第 3 項各号に掲げる機械等については，法第 42 条の厚生労働大臣が定める規格又は安全装置を具備したものでなければ，使用してはならない。

労働安全衛生法

（型式検定）

第 44 条の 2　第 42 条の機械等のうち，別表第 4 に掲げる機械等で政令で定めるものを製造し，又は輸入した者は，厚生労働省令で定めるところにより，厚生労働大臣の登録を受けた者（以下「登録型式検定機関」という。）が行う当該機械等の型式についての検定を受けなければならない。ただし，当該機械等のうち輸入された機械等で，その型式について次項の検定が行われた機械等に該当するものは，この限りでない。

（第 2 項～第 7 項　略）

別表第 4（第 44 条の 2 関係）

（第 1 号　略）

2　プレス機械又はシヤーの安全装置

（第 3 号～第 7 号　略）

8　動力により駆動されるプレス機械のうちスライドによる危険を防止するための機構を有するもの

（第 9 号～第 12 号　略）

労働安全衛生法施行令

（型式検定を受けるべき機械等）

第 14 条の 2　法第 44 条の 2 第 1 項の政令で定める機械等は，次に掲げる機械等（本邦の地域内で使用されないことが明らかな場合を除く。）とする。
(第１号　略)
２　プレス機械又はシヤーの安全装置
(第３号～第７号　略)
８　動力により駆動されるプレス機械のうちスライドによる危険を防止するための機構を有するもの
(第９号～第 12 号　略)

労働安全衛生法

（定期自主検査）

第 45 条　事業者は，ボイラーその他の機械等で，政令で定めるものについて，厚生労働省令で定めるところにより，定期に自主検査を行ない，及びその結果を記録しておかなければならない。

②　事業者は，前項の機械等で政令で定めるものについて同項の規定による自主検査のうち厚生労働省令で定める自主検査（以下「特定自主検査」という。）を行うときは，その使用する労働者で厚生労働省令で定める資格を有するもの又は第 54 条の３第１項に規定する登録を受け，他人の求めに応じて当該機械等について特定自主検査を行う者（以下「検査業者」という。）に実施させなければならない。

(第３項，第４項　略)

労働安全衛生法施行令

（定期に自主検査を行うべき機械等）

第 15 条　法第 45 条第１項の政令で定める機械等は，次のとおりとする。
(第１号　略)
２　動力により駆動されるプレス機械
３　動力により駆動されるシヤー
(第４号～第 11 号　略)

② 法第45条第2項の政令で定める機械等は，第13条第3項第8号，第9号，第33号及び第34号に掲げる機械等並びに前項第2号に掲げる機械等とする。

労働安全衛生規則

（定期自主検査）

第134条の3 事業者は，動力プレスについては，1年以内ごとに1回，定期に，次の事項について自主検査を行わなければならない。ただし，1年を超える期間使用しない動力プレスの当該使用しない期間においては，この限りでない。

1 クランクシヤフト，フライホイールその他動力伝達装置の異常の有無
2 クラツチ，ブレーキその他制御系統の異常の有無
3 一行程一停止機構，急停止機構及び非常停止装置の異常の有無
4 スライド，コネクチングロツドその他スライド関係の異常の有無
5 電磁弁，圧力調整弁その他空圧系統の異常の有無
6 電磁弁，油圧ポンプその他油圧系統の異常の有無
7 リミツトスイツチ，リレーその他電気系統の異常の有無
8 ダイクツシヨン及びその附属機器の異常の有無
9 スライドによる危険を防止するための機構の異常の有無

② 事業者は，前項ただし書の動力プレスについては，その使用を再び開始する際に，同項各号に掲げる事項について自主検査を行わなければならない。

解　説

第1項第3号の「急停止機構」とは，危険その他の異常な状態を検出してプレス作業者等の意思にかかわらず自動的にスライドの動きを停止する機構をいい，スライドを急上昇させる装置も含まれます。

また，同項第8号の「ダイクツシヨン」とは，ベッドに内蔵または取り付けられた圧力保持装置をいいます。

（定期自主検査の記録）

第135条の2 事業者は，前二条の自主検査を行つたときは，次の事項を記

録し，これを３年間保存しなければならない。

1　検査年月日

2　検査方法

3　検査箇所

4　検査の結果

5　検査を実施した者の氏名

6　検査の結果に基づいて補修等の措置を講じたときは，その内容

（特定自主検査）

第 135 条の 3　動力プレスに係る法第 45 条第２項の厚生労働省令で定める自主検査（以下「特定自主検査」という。）は，第 134 条の３に規定する自主検査とする。

（第２項〜第４項　略）

労働安全衛生法

（安全衛生教育）

第 59 条　事業者は，労働者を雇い入れたときは，当該労働者に対し，厚生労働省令で定めるところにより，その従事する業務に関する安全又は衛生のための教育を行なわなければならない。

②　前項の規定は，労働者の作業内容を変更したときについて準用する。

③　事業者は，危険又は有害な業務で，厚生労働省令で定めるものに労働者をつかせるときは，厚生労働省令で定めるところにより，当該業務に関する安全又は衛生のための特別の教育を行なわなければならない。

労働安全衛生規則

（雇入れ時等の教育）

第 35 条　事業者は，労働者を雇い入れ，又は労働者の作業内容を変更したときは，当該労働者に対し，遅滞なく，次の事項のうち当該労働者が従事する業務に関する安全又は衛生のため必要な事項について，教育を行なわなけれ

ばならない。ただし，令第２条第３号に掲げる業種の事業場の労働者については，第１号から第４号までの事項についての教育を省略することができる。

1　機械等，原材料等の危険性又は有害性及びこれらの取扱い方法に関すること。
2　安全装置，有害物抑制装置又は保護具の性能及びこれらの取扱い方法に関すること。
3　作業手順に関すること。
4　作業開始時の点検に関すること。
5　当該業務に関して発生するおそれのある疾病の原因及び予防に関すること。
6　整理，整頓及び清潔の保持に関すること。
7　事故時等における応急措置及び退避に関すること。
8　前各号に掲げるもののほか，当該業務に関する安全又は衛生のために必要な事項

②　事業者は，前項各号に掲げる事項の全部又は一部に関し十分な知識及び技能を有していると認められる労働者については，当該事項についての教育を省略することができる。

解　説

第２項の「十分な知識及び技能を有していると認められる労働者」については「職業訓練を受けた者等」が例示されています。

（特別教育を必要とする業務）

第36条　法第59条第３項の厚生労働省令で定める危険又は有害な業務は，次のとおりとする。

（第１号　略）

2　動力により駆動されるプレス機械（以下「動力プレス」という。）の金型，シヤーの刃部又はプレス機械若しくはシヤーの安全装置若しくは安全囲いの取付け，取外し又は調整の業務

（第３号～第41号　略）

附　　則（平成23年1月12日　厚生労働省令第3号）

（手払い式安全装置に係る経過措置）

第25条の2　当分の間，第131条第2項の規定の適用については，同項各号列記以外の部分中「手払い式安全装置」とあるのは，「手払い式安全装置（ストローク長さが40ミリメートル以上であつて防護板（スライドの作動中に手の安全を確保するためのものをいう。）の長さ（当該防護板の長さが300ミリメートル以上のものにあつては，300ミリメートル）以下のものであり，かつ，毎分ストローク数が120以下である両手操作式のプレス機械に使用する場合を除く。）」とする。

（参考3）

プレス機械作業従事者に対する安全教育実施要領

（平成8年6月11日 基発第367号）

1　目的

プレス機械による労働災害（以下「プレス災害」という。）の防止のためには，安全措置の徹底，プレス機械による作業（以下「プレス機械作業」という。）の適切な管理の実施等はもとより，作業に従事する労働者が十分な知識を有し，安全に作業を行うことが重要であることから，「プレス機械作業従事者に対する安全教育」（以下「教育」という。）を実施することにより，プレス機械作業を安全に行うために必要な知識を付与し，プレス災害の防止を促進することとする。

2　対象者

プレス機械作業に従事する労働者（プレス機械作業主任者技能講習を修了した者及び労働安全衛生規則第36条第2号の業務に従事する労働者を除く。）とすること。

3　実施者

プレス機械作業を労働者に行わせる事業者又は当該事業者を構成員とする安全衛生団体等とすること。

4　実施方法

(1)　教育カリキュラムは，別紙の「プレス機械作業従事者に対する安全教育カリキュラム」によること。

(2) 安全衛生団体等が教育を実施する場合にあっては，1 回の教育対象人員はおおむね 100 人以内とすること。
(3) 安全衛生団体等が教育を実施する場合にあっては，講師は，プレス機械作業主任者技能講習の講師の資格を有する者，労働安全衛生規則第 36 条第 2 号の業務に係る特別教育の講師としての経験を有する者，労働安全コンサルタント又は別紙の教育カリキュラムの科目について学識経験を有する者を充てること。
(4) 教材としては，「安全なプレス作業のために（プレス機械作業従事者安全教育用テキスト）」（中央労働災害防止協会発行）が刊行されているので適宜活用すること。

5　修了証の交付等
(1) 事業者が教育を実施した場合は，その結果を記録し，保管すること。
(2) 安全衛生団体等が事業者に代わって教育を実施した場合は，教育修了者に対して修了証を交付するとともに，教育修了者名簿を作成し，保管すること。

別紙

プレス機械作業従事者に対する安全教育カリキュラム

科　目	範　囲	時　間
プレス機械及びこれらの安全装置等に関する知識	(1)プレス機械の種類，構造及び機能の概要 (2)プレス機械の安全装置，安全囲い，材料の送り装置及び製品の取出し装置の種類，構造及び機能の概要	1.5 時間
プレス機械による作業に関する知識	(1)作業前の点検の方法 (2)プレス機械作業の一般的注意事項 (3)プレス機械，安全装置，安全囲い，金型，材料の送り装置及び製品の取出し装置の異常，故障等	2.0 時間
関係法令	労働安全衛生関係法令中の関係条項	0.5 時間

プレス関係テキスト改訂編集委員会委員

伊藤　強	しのはらプレスサービス株式会社　技術指導部課長
大西　秀孝	株式会社アマダ フィールドサービス部 新ビジネス推進グループ特定自主検査推進ユニット
金子　辰巳	社団法人産業安全技術協会　機械器具試験部次長・主任検定員
○小森　雅裕	株式会社小森安全機研究所　取締役会長
清水　宏祐	株式会社久永製作所　相談役
山田　輝夫	山田労働安全コンサルタント事務所　所長
中島　次登	中央労働災害防止協会　技術支援部技術指導課　専門役

（○印は委員長，外部委員は50音順，敬称略，役職は平成8年当時）

安全なプレス作業のために

—プレス機械作業従事者安全教育用テキスト—

平成31年1月31日　第1版第1刷発行
令和6年1月29日　　　第3刷発行

編　者　中央労働災害防止協会
発行者　平山　剛
発行所　中央労働災害防止協会
〒108-0023
東京都港区芝浦3丁目17番12号
吾妻ビル9階
電話　販売　03(3452)6401
　　　編集　03(3452)6209
表紙デザイン　㈱プリプラにじゅういち
本文デザイン　㈱アラプロ
イラスト　かすやたかひろ
　　　　　田中　斉
印刷・製本　㈱雄進印刷

落丁・乱丁本はお取り替えいたします。

ISBN978-4-8059-1844-9 C3053

中災防ホームページ　https://www.jisha.or.jp/